銃の科学
知られざるファイア・アームズの秘密

枪支中的科学
你所不知道的火器秘密

（日）狩之良典（かのよしのり） 著
杨田 译

 化学工业出版社
·北京·

图书在版编目（CIP）数据

枪支中的科学/（日）狩之良典著；杨田译.—北京：
化学工业出版社，2017.1（2023.11重印）
ISBN 978-7-122-27874-6

Ⅰ.①枪… Ⅱ.①狩… ②杨… Ⅲ.①枪械-普及读物 Ⅳ.①E922.1-49

中国版本图书馆CIP数据核字（2016）第197545号

JU NO KAGAKU
Copyright © 2012 Yoshinori Kano
All rights reserved.
Original Japanese edition published in 2012 by SOFTBANK Creative Corp.
Simplified Chinese Character translation rights arranged with SOFTBANK Creative Corp.
through Owls Agency Inc. and Beijing GW Culture Communications Co., Ltd.

北京市版权局著作权合同登记号：01-2013-6673

责任编辑：王　烨　项　潋　　　　装帧设计：刘丽华
责任校对：宋　玮

出版发行：化学工业出版社
　　　　　（北京市东城区青年湖南街13号　邮政编码100011）
印　　装：河北京平诚乾印刷有限公司
850mm×1168mm　1/32　印张7¼　字数178千字
2023年11月北京第1版第10次印刷

购书咨询：010-64518888　　　　　售后服务：010-64518899
网　　址：http://www.cip.com.cn
凡购买本书，如有缺损质量问题，本社销售中心负责调换。

定　　价：29.80元　　　　　　　　　版权所有　违者必究

前言

石刀是人类文明的原点，火枪则是近代文明的源头。有人说：人类是使用工具的动物。但是，会使用工具的并不一定都是人类。例如，海獭会使用石块敲开贝壳，大猩猩也会将树枝伸到蚁穴中取食蚂蚁，但它们都不是人类。原始人类和大猩猩的最大区别就在于他们并不是使用天然的石块，而是将石块加工成具有锋利刃部的石刀。因此说，石刀是人类文明的原点。

火枪是近代文明的源头。如果火枪没有被发明的话，那么我们现在还极有可能生活在中世纪时代。伴随着火枪的发明，那些没有火枪的国家或者无法自行生产火枪的国家慢慢地落后于时代的潮流，在整个世界大格局中变得越来越难以生存。为了生存，所有的国家都致力于研发更高性能的枪支和火药。可以毫不夸张地说，火枪的发明加快了科技的进步。

在冷兵器时代，射手在射箭时不需考虑重力加速度和大气阻力等因素的影响。但是在热兵器时代，要想制造出更高性能的枪支就必须考虑这些因素，并且还需要测定弹丸的速度等。

此外，制造火药所需要的原材料——硝石在世界各地的分布也极不平均，日本和欧洲的硝石资源都比较匮乏。为了解决这一问题，人们在数百年之前就开始探索，后来发现可以通过生物工程技术，利用硝化细菌来制造硝酸盐。在蒸汽机被发明后，抽取矿山积水的能力大幅提升，这又为枪炮的制造提供了钢铁基础。总之，火枪的发明加速了各学科的研究进度，促进了科技的进步，直接拉开了近代文明的大幕。

火枪不仅促进了科技进步，同时也改变了社会结构。在火枪被发明以前，战争的主力是身披铠甲的武士和骑士，他们同时也是支配民众的统治阶级。在当时的社会条件下，让农民和商人手持简陋的长矛去推翻全副武装的统治阶级，那是不可想象的。后来，随着火枪在战争中的使用，拥有火枪多的一方在战场上的优势越发明显。于是，日本的统治者开始将除长子以外的男丁集合起来，组成"火枪队"。战争的主力也逐渐从武士和骑士转移到普通民众身上。这样一来，王侯贵族就不敢再像过去那样奴役百姓了。在欧美各国，枪支被认为是民主的基础。德川幕府之所以厌恶火枪，正是因为他们已经预料到枪支的使用必定会动摇其统治基础。

随着全球化的推进，出现了一些像"国际化"和"国际人"这样的新词汇。我向来不是一个爱使用此类含义还不清晰的新词汇的人，但对"国际人"这一概念却是比较认同的。"国际人"是指了解外国文化和外国人思维方式的人。现在很多国家都放开了对枪支的管控，因此日本人要想成为"国际人"就必须对枪支知识有一定程度的了解。

射击现在已经是奥运会的一大比赛项目，很多国家也将射击列为培养青少年的一项体育运动。在很多国家，狩猎还被视为一项绅士运动。例如，法国的总人口有6000万，其中爱好狩猎运动的人大约就有160万。我们常说，"日本的常识是世界的非常识"，在枪支这一点上表现得尤为明显。所以说，日本人要想成为"国际人"就必须具备枪支、射击和狩猎方面的基本知识。

我写这本书并不是向大家介绍电影、动漫或者游戏中出现的枪支，而是要向大家普及作为"国际人"所需要的一些枪支知识。

2011年12月
狩之 良典

CONTENTS

第1章　什么是枪 ……………………… 1

- 1-01　汉字中"铳"的含义 ……………… 2
- 1-02　枪与炮 ……………………………… 4
- 1-03　什么是炮 …………………………… 6
- 1-04　轻武器与重武器 …………………… 8
- 1-05　什么是来复线 ……………………… 10
- 1-06　什么是手枪 ………………………… 12
- 1-07　什么是"小枪" …………………… 14
- 1-08　马枪与步枪 ………………………… 16
- 1-09　什么是机枪 ………………………… 18
- 1-10　冲锋枪 ……………………………… 20
- 1-11　霰弹枪 ……………………………… 22
- 1-12　气枪 ………………………………… 24
- 1-13　美国的计量单位 …………………… 26
- COLUMN-01　狩猎是"国际人"的必备技能 …… 28

第2章　枪的历史 ……………………… 29

- 2-01　火药的发明 ………………………… 30
- 2-02　火器的发明 ………………………… 32
- 2-03　火绳枪的登场 ……………………… 34
- 2-04　燧发枪的发明 ……………………… 36
- 2-05　火帽的发明 ………………………… 38
- 2-06　来复线和米涅弹的发明 …………… 40
- 2-07　转轮枪的发明 ……………………… 42
- 2-08　后装式枪的发明 …………………… 44
- 2-09　连珠枪的出现 ……………………… 46
- 2-10　机枪的出现 ………………………… 48
- 2-11　冲锋枪的登场 ……………………… 50
- 2-12　自动步枪的登场 …………………… 52
- 2-13　突击步枪的登场 …………………… 54
- 2-14　小口径高速弹的时代 ……………… 56
- 2-15　89式步枪 …………………………… 58

COLUMN-02　中国95式自动步枪 ················· 60

第3章　弹药 ·················· 61

- 3-01　发射药不能用炸药 ················· 62
- 3-02　发射药的燃烧速度 ················· 64
- 3-03　发射药的恰当燃烧速度 ············ 66
- 3-04　黑火药 ···································· 68
- 3-05　无烟火药 ································ 70
- 3-06　子弹 ······································· 72
- 3-07　火帽 ······································· 74
- 3-08　弹壳的材质 ···························· 76
- 3-09　弹壳的形状（1）···················· 78
- 3-10　弹壳的形状（2）···················· 80
- 3-11　弹头的形状（1）···················· 82
- 3-12　弹头的形状（2）···················· 84
- 3-13　弹头的材质 ···························· 86
- 3-14　弹头的结构（1）···················· 88
- 3-15　弹头的结构（2）···················· 90
- 3-16　弹头的结构（3）···················· 92
- 3-17　空包弹与模拟弹 ····················· 94
- 3-18　口径的表示方法 ····················· 96
- 3-19　什么是马格纳姆弹 ················· 98

COLUMN-03　欧式口径表示方法 ·············· 100

第4章　手枪和冲锋枪 ············ 101

- 4-01　转轮手枪的装填方式 ············ 102
- 4-02　转轮手枪的操作方式 ············ 104
- 4-03　自动手枪 ······························ 106
- 4-04　双动型自动手枪 ··················· 108
- 4-05　转轮手枪与自动手枪 ············ 110
- 4-06　手枪的命中精度 ··················· 112
- 4-07　自动手枪的作业方式 ············ 114
- 4-08　冲锋枪的击发方式 ··············· 116
- 4-09　注重命中精度的MP5 ··········· 118

CONTENTS

COLUMN-04　手枪和冲锋枪也进入了小口径
高速弹时代 ·· 120

第5章　步枪 ·· 121

- 5-01　栓式步枪 ·· 122
- 5-02　自动步枪 ·· 124
- 5-03　杠杆式步枪 ·· 126
- 5-04　膛线的制造方法 ································ 128
- 5-05　膛线的缠度 ·· 130
- 5-06　枪管 ·· 132
- 5-07　气动系统 ·· 134

COLUMN-05　消焰制退器 ···························· 136

第6章　机关枪 ·· 137

- 6-01　重机枪与轻机枪 ································ 138
- 6-02　班用机枪与排用机枪 ························ 140
- 6-03　大口径机枪 ·· 142
- 6-04　机枪的供弹方式 ································ 144
- 6-05　各种各样的供弹方式 ························ 146
- 6-06　枪管冷却方式 ···································· 148

COLUMN-06　子弹的炽发 ···························· 150

第7章　弹道 ·· 151

- 7-01　枪管和膛压 ·· 152
- 7-02　膛压曲线 ·· 154
- 7-03　弹头的初速 ·· 156
- 7-04　枪管长度与子弹速度 ························ 158
- 7-05　外部弹道 ·· 160
- 7-06　弹头的冲击能量 ································ 162
- 7-07　弹头的速度和射程 ···························· 164
- 7-08　弹道和照门 ·· 166

COLUMN-07　12.7mm狙击步枪得以
流行的原因 ·· 168

第8章　霰弹枪 ·················· 169

- 8-01　霰弹的结构················ 170
- 8-02　霰弹枪口径的表示方法 ········ 172
- 8-03　铅粒的材质、尺寸和重量 ······· 174
- 8-04　霰弹的弹壳长度 ············ 176
- 8-05　喉缩与散布密集度 ··········· 178
- 8-06　铅粒的速度与射程 ··········· 180
- 8-07　飞碟射击················· 182
- 8-08　霰弹枪的瞄准 ·············· 184
- 8-09　独头弹与独头弹枪管 ········· 186
- 8-10　左右双筒与上下双筒 ········· 188
- 8-11　自动式霰弹枪与泵动式霰弹枪 ··· 190
- COLUMN-08　半膛线枪管和萨博特独头弹······ 192

第9章　枪托 ···················· 193

- 9-01　枪托····················· 194
- 9-02　枪托的外形 ··············· 196
- 9-03　弯枪托与直枪托 ············ 198
- 9-04　竞技用枪的握把 ············ 200
- 9-05　猎枪的握把··············· 202
- 9-06　枪托右偏················· 204
- 9-07　枪托底板················· 206
- 9-08　枪托长度与枪托底板倾斜角 ····· 208
- 9-09　枪托脊与贴腮板 ············ 210
- 9-10　前护木··················· 212
- 9-11　护手····················· 214
- 9-12　胡桃木是制造枪托的最佳木材···· 216
- 9-13　胶合板、金属和塑料 ········· 218
- COLUMN-09　射击运动更适合于女性 ········ 220

第 1 章

什么是枪

1-01 汉字中"铳"的含义
"铳"就是柄部被钻了洞的铁锤

据说,现代意义上的火枪传入日本是在1543年。当时葡萄牙人来到种子岛,第一次将火枪带到了日本。在葡萄牙语中,火枪的写法是"arquebus",音译过来就是"阿瑠贺放至",不过日本人很快给它起了一个和式名字——"鉄砲"。

这一名字其实是来自中国。在镰仓时代,中国的元军与日本的战争中,他们使用的一种火器就叫"铁炮",震惊了当时的日本人。在看到葡萄牙人带来的火枪之后,日本人立刻就联想到当年元军的"铁炮",于是用日文翻译过来就成了"鉄砲"。当然了,元军当年使用的"铁炮"并不是火枪,而是类似于手榴弹一类的火器。

在战国时代,这种火器在日本迅速普及开来,不过"铳"这个汉字直到江户中后期才出现。我个人觉得,"铳"这个汉字应该是从朝鲜半岛传过来的,原意是"柄部被钻了洞的铁锤"。

在数百年前的朝鲜古文献中,把利用火药发射弹丸的装置称为"铳筒"。此外,在丰臣秀吉攻打朝鲜的时候,朝鲜人惊恐地称日本的火绳枪为"倭鸟枪"。中国的古文献中也有不少将枪称为"铳"的例子。

在战国时代,火器往往称作"鉄砲",直到江户时代才出现了"××铳"这样的称呼。可以看出,日语中"铳"这个汉字应该是来源于朝鲜,直到江户时代才在日本普及开来。

第1章　什么是枪

七星铳（左）和十眼铳（右）。在中国的古文献中，"铳"这个汉字使用并不多
出处：《武备制胜》

中国的56式步枪。日本的"鉄砲"翻译成汉语就是"枪"

1-02 枪与炮
20mm机关炮和20mm机枪的区别

在今天，人们已经习惯将单兵手持的武器称为"枪"，而将用机车牵引的大型武器称为"炮"。其实在江户末期之前，"枪"与"炮"并没有严格意义上的区别。

在当时，人们将马拉带轮的大型武器称作"大枪"，将士兵手持的步枪称为"小枪"。直到明治维新以后，大型武器才被称作"炮"。

第二次世界大战结束之前，日本陆军和海军对究竟多大口径的武器才能被称作炮存在争议。日本陆军将口径13mm以下的武器称作"枪"，超过13mm的称作"炮"。日本海军则将口径40mm以下的武器称作"枪"，超过40mm的称作"炮"。例如，陆军将20mm口径的机枪称为"20mm机关炮"，而海军则将其称为"20mm机枪"。

日本战后制定的《武器等制造法》中规定口径20mm以上的武器统称为"炮"。至此，陆上自卫队和海上自卫队才将20mm口径的机枪统称为"20mm机关炮"。

但是，在自卫队的现有装备中有一款"96式40mm自动榴弹发射枪"。如果按其口径来分，应该被称作"炮"，但它的体积却和12.7mm口径的机枪差不多，比俄罗斯的14.5mm口径的机枪小得多。鉴于体积太小，称作"炮"不太合适，所以最终被命名为"枪"。

此外，船舶上的"绳索投射枪"口径有63mm，已经远远超出20mm口径的界线，但还是被称作"枪"。所以说，枪与炮虽然有了明确的划分标准，但还是有一些特殊的例子存在。

第1章 什么是枪

自卫队的"96式40mm自动榴弹发射枪",虽然口径有40mm,但还是被称作"枪"

中国和俄罗斯使用的14.5mm机枪,虽然体积巨大,但还是被称作"枪"

1-03 什么是炮
手持的也有炮，带轮的也有枪

如右侧左上方的插图所示，炮最初是指抛射石头的一种攻城工具，在东方称"投石机"，在西方称"catapult"。

在中国，依靠火药发射炮弹的武器也被称作"炮"。不过，在日语和汉语中，炮的写法是不同的，日语中写作"砲"，而汉语中写作"炮"。例如，日语中的"榴弹砲"在中国就被写作"榴弹炮"。

由于炮最初指的是攻城用的投石机，所以给人留下了炮的体积一定很大的固有印象。但是，正如我在前文中介绍的那样，炮与枪并不是能用口径大小来严格区分的，手持的不一定是枪，而有座的也不一定是炮。日本自卫队装备的84mm无后坐力炮就是肩扛式的。俄罗斯的有些机枪不仅有车轮，有的还和大炮一样，有防护挡板，而且此类机枪的重量也要比84mm无后坐力炮大得多。

此外，弹头是否需要爆炸那是子弹的问题，跟枪与炮并没有多大的关系。有些手枪弹和步枪弹是爆炸的，不过攻击装甲车的穿甲弹如果填药的话，反而会降低弹头的穿透力，所以穿甲弹大多都是不含火药的金属块。

另外，也不能靠射程的远近来区别枪与炮。自卫队的84mm无后坐力炮的最大射程是3km，而12.7mm机枪的最大射程能够达到6km。

总而言之，枪与炮之间并没有严格的界限。是枪？还是炮？根据其名字判断就可以了。如果被定名为"××枪"，那它就是枪；如果被定名为"××炮"，那它就是炮。

第1章 什么是枪

"炮"最初指的就是这样的投石机

肩扛式84mm无后坐力炮

7.62mm口径的机枪,和普通步枪的口径相同,但却有着大炮一样的车轮和防护挡板

1-04 轻武器与重武器
迫击炮和无后坐力炮是重武器吗?

"gun"这个单词在英语中原本指的是依靠火药来发射弹丸的装置,后来随着时代的发展,一些不使用火药或者不发射固体弹丸的装置也被冠以"gun"的名字,例如激光枪的英文名称就是"laser gun"。今天,人们习惯使用"fire arms"(火器)来表示使用火药发射弹丸的装置。

此外,"gun"还有个狭义的概念,专指炮身长、弹丸初速快的那一类大炮,也就是我们所说的"加农炮",法语中叫"cannon",日语中叫"加農砲"。

步枪、手枪和机枪等小型武器统称为轻武器,而大炮等大型武器统称为重武器。英语中的"artillery"既可以指大炮,也可以泛指重武器,不过有些场合也会用"heavy weapon"来表示重武器。

到目前为止,"heavy weapon"的含义还不是很明晰。在停战协定中,"heavy weapon"指的往往是装甲车、炮兵部队的大炮和对地导弹等,而步兵部队使用的无后坐力炮、迫击炮和反坦克火箭等往往归到"light weapon"(轻武器)的行列。

当然了,这并不是世界上通行的做法,每个协定对轻重武器的划分标准也都各不相同。在日本,自卫队进行新兵培训时,轻武器和迫击炮就是分开来培训的。

第 1 章 什么是枪

像这么大的武器,当然毫无疑问是重武器了。不过像迫击炮、无后坐力炮和反坦克火箭等武器,究竟该称它们是轻武器呢?还是重武器呢?现在还没有明确的结论

迫击炮

反坦克火箭

1-05 什么是来复线
来复线就是膛线

来复线指的是炮管及枪管内呈螺旋状凹凸的线，英语称作"rifle"，中文称作"膛线"，日语称作"腔綫"。

"腔"和"綫"都不是日语中的常用汉字，所以有一段时间来复线被称为"口線"，但这一叫法并不能很好地表达来复线的含义，所以最近又被改成了"腔線"。也有人称其为"旋条"，不过我个人还是比较习惯"腔旋"这一叫法。

枪管内部布满了螺旋状的来复线，所以枪管的横截面并不是一个光滑的圆，而是一个内部呈锯齿状的圆。以口径为7.62mm的枪管为例，它的阴膛的深度是0.1mm，弹头的直径是7.82mm。射击的时候，火药燃烧，产生巨大的冲击力，把弹头压入枪膛，然后受膛线的影响，在枪管内快速螺旋前进，所以弹头离开枪管的时候，是高速旋转的。在以前的火绳枪时代，弹丸都是球形，子弹出膛以后旋转与否对飞行轨迹并没有影响。但是，现在的弹头大都是前尖后粗，如果没有来复线的话，弹头在出膛之后就不会旋转，在飞行过程中，底部粗的一端就会转到前面，从而增大了空气阻力，降低了枪支的杀伤性。所以说，来复线是现代枪支必不可少的一部分。

不只是步枪有来复线，手枪、机枪和大炮也都有来复线。在美国，步枪统称为来复枪，在独立战争中立下了汗马功劳。在当时，美国民兵持有的都是带有来复线的步枪，而英国士兵使用的则是没有来复线的步枪。来复枪让英国士兵吃尽了苦头，并最终帮助美国赢得了战争的胜利。因此，美国人对来复枪非常有感情，亲切地称其为"rifling"。

第1章 什么是枪

来复线指的就是在炮管及枪管内呈螺旋状凹凸的线。图中大炮的口径比较大,所以来复线比较多。口径较小的步枪和手枪中的来复线一般会有4～6条

无来复线和有来复线的区别

如果没有来复线,弹头出膛之后,不会旋转,受重力影响,重的一端就会转向前面,从而增大了空气阻力,降低了杀伤力

有来复线的枪管,弹头在出膛之后,快速旋转,保证了弹头细的一端始终在前面,这样可以降低空气阻力,增大杀伤力

1-06 什么是手枪
手枪是指能够单手握持瞄准射击的短枪

手枪是指没有枪托，能够单手握持并瞄准射击的短枪。虽然有些手枪的握把上也可以连接枪托，但是能够单手握持是对手枪的最基本要求。

日本的火绳枪虽然没有枪托，但需要使用者双手操作，所以它并不属于手枪。尽管有些火绳枪比较短小，单手也可以握持，但也不能称为手枪。可以看出，手枪的判定并不是靠枪的长短来决定的。在日常生活中，我们偶尔会听到"短枪"这个词汇，这只是用来形容枪支长短的一个称呼，并不是一个专有概念名词。

手枪在英语中叫"pistol"，在德语中叫"pistole"，在法语中叫"pistolet"，三个单词在外型上长得非常相似。关于手枪的起源有两种说法，一种说法是手枪诞生于意大利的皮斯托亚小镇（Pistoia）；另外一种说法是手枪诞生于捷克，因为最初的外形类似于捷克的一种管状乐器，所以人们就用这种乐器的名字"pistala"来命名了手枪。至于哪一种说法是对的，我也说不清楚。

在美国，手枪统称为"hand gun"，然后又区分为"pistol"和"revolver"（转轮手枪）。"pistol"是指只有一个药室的手枪，我想大部分人可能不知道这是什么意思，不过别着急，我会在后文中给大家详细介绍。美国人之所以将手枪分成两类，其实就是为了强调转轮手枪并不是普通意义上的"pistol"。下图中上面的那把枪虽然可以连接枪托，但它前面的基本结构还是按单手握持这个要求来设计的，所以属于手枪。下面的那把枪就不是手枪了，它可以顶在肩部射击，因此称作"shoulder weapon"。

"shoulder weapon"是区分手枪和非手枪的一个专有名词，平时使用并不多。步枪、机枪、冲锋枪、霰弹枪以及扛在肩上的火箭筒等武器都可以称为"shoulder weapon"。

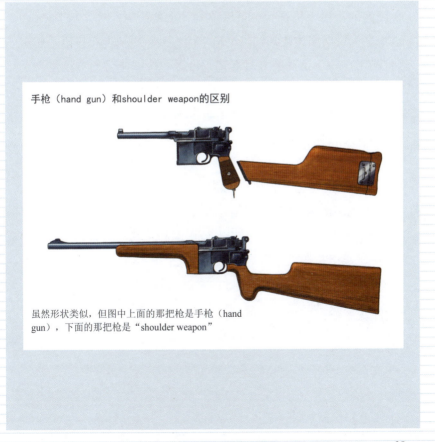

手枪（hand gun）和shoulder weapon的区别

虽然形状类似，但图中上面的那把枪是手枪（hand gun），下面的那把枪是"shoulder weapon"

1-07 什么是"小枪"
"大枪"消失了,但"小枪"还在

前文已述,江户时代,枪和炮在日本并没有明显的区别,大炮称作"大枪",一个人能拿动的小一点的武器称为"小枪"。在明治时代,"炮"这个概念出现之后,"大枪"这一叫法就慢慢消失了,但是"小枪"却一直沿用下来。后来,随着机枪等新式武器的登场,"小枪"就变成专指步枪了。

现在在日本存在一种争论:军用步枪可以称为"小枪",那么民间的猎用步枪是否也可以称为"小枪"呢?从词源上来看,猎枪毫无疑问应该被划到"小枪"的行列,更何况在日语中还有"狩猎用小枪"这样的专有名词。日本一些老字号的猎枪生产企业,也都冠以"××小枪制造所"这样的名号。在我个人看来,民间的猎用步枪也可以称为"小枪"。但是,日本的警察界并不这么认为,他们将"小枪"和"猎枪"区分得很开,军队使用的才叫"小枪",民间使用的只能称为"猎枪"。

之所以出现这一情况,可能是受民间人士不能持有武器这一固有观念的影响。不过,在国外可没有这样的限制和区分。

旧时,日本民间的很多猎人使用的猎枪其实就是军用的"99式步枪",但是在去警察局做枪支登记的时候,如果在表格中填"99式步枪",那肯定是通不过的;如果填"99式来复枪",就一切OK了。这其实都是受固有观念的影响,硬性地将"小枪"划为武器,而将猎枪排除在武器之外的缘故。

第1章 什么是枪

口径8cm的"大枪"　　　　　　　　　　　照片提供方：土浦市立博物馆

毛瑟Kar98k卡宾枪。此款卡宾枪在日本可以当做猎枪使用，但是在登记的时候，不能使用"卡宾枪"这一称呼

1-08 马枪与步枪
现在步兵也流行使用马枪

步枪在英国叫做"musket",在美国叫做"rifle",在法国叫做"fusil",在德国叫做"gewehr"。步枪使用的范围很广,不仅步兵在使用,猎人也在使用。在以前,为了对付战马上的骑兵,步枪设计得都比较长,并且还设有刺刀座。然而,骑兵并没有这方面的需要,所以马枪设计得都相对短小。马枪的英语是"carbine",德语是"karbiner",这两个单词其实都来源于法语的"carabine"。

"三八式步枪"的日语写法是"三八式步兵銃",为了突出是步兵使用的枪,所以在其中特意加了"步兵"两字。在美国,步枪的完整表述是"infantry rifle",其中的"infantry"也是步兵的意思。不过在平常的使用中,很少有人将其写成"M×× infantry rifle",而是简写为"M×× rifle"。

随着时代的发展,现在的步兵已经不需要和骑兵作战了,所以步枪也就变得越来越短,有的甚至短于原先的马枪。现代步兵使用的卡宾枪,其实就是马枪。

第1章 什么是枪

一般来说，比普通步枪短的枪称为卡宾枪。上面的那把枪是M16步枪，下面的那把枪是M4卡宾枪

上面的那把枪是德军在第二次世界大战中使用的毛瑟Kar98k卡宾枪，因为比在第一次世界大战中使用的G98步枪短小，所以称为卡宾枪。下面的那把枪是前联邦德国军人使用的G3步枪，虽然比上面的卡宾枪还要短，但还是被称作步枪

1-09 什么是机枪
能够"哒、哒、哒"连射的枪就是机枪吗？

　　扣动扳机，能够"哒、哒、哒"连射的枪称为全自动枪。扣一下扳机，射一发子弹的枪称为半自动枪。全自动枪并不全是机枪，尽管在很长一段时间里只有机枪才有连射功能，但是现在的很多步枪也都具有连射功能。

　　具备连射功能的步枪并不能完全代替机枪。为了携带方便，步枪一般仅有3～4kg。由于枪身太轻，在连续射击时，抖动非常大，准确性很难保障。

　　步枪的连射功能也就仅限于近身作战的时候起作用。在巷战中，当敌人突然出现在面前时，可以用连射增强火力。在远距离射击时，连射功能基本不起作用，而且还会使枪支过热，严重损害枪支的效能。

　　但是，机枪就不一样了。轻机枪重约10kg，有效射程可以达到数百米。重机枪重达数十千克，在千米之外也可以击毙敌人。

　　FN米尼米（minimi）轻机枪在日本自卫队和美军中都有使用，但双方对它的称呼却完全不同。日本自卫队和大多数国家一样，称其为轻机枪，而美军则称其为"班用自动武器"。也许在美国士兵眼中，一个人能操作的武器就不能算作是机枪吧！

第1章　什么是枪

马克沁重机枪,最初的机枪就是如此笨重

FN米尼米(minimi)轻机枪。日本自卫队称其为轻机枪,美军称其为"班用自动武器"

1-10 冲锋枪
也被称为手提机枪或机关手枪

冲锋枪是指单兵双手握持发射手枪弹的轻型全自动枪。英语称作"submachine gun",德语称作"maschinen pistole",法语称作"pistolet-mitrailleur",日语中称作"短機関銃""機関短銃"或者"機関拳銃"。

尽管全自动步枪也可以像冲锋枪一样连射,但是在实际作战中却很少使用这一功能。这主要是因为步枪在连射的时候,后坐力非常大,而且非常容易暴露目标。步枪在使用的时候,需要一发一发地瞄准射击,注重的是其命中精度。

但对冲锋枪来说,"全自动连射"却是它的最大优点。冲锋枪使用的手枪弹的装药量仅有步枪弹的1/6～1/4,所以在连射的时候,后坐力非常小,枪身稳定性强。同时也带来了一个弱点,那就是子弹的杀伤力小,远距离射击时,命中率差,所以冲锋枪大多是在巷战和丛林战等近距离作战的时候才会使用。

因为冲锋枪使用手枪弹,所以结构相对简单。在战争突发后,可以在较短的时间内进行大批量生产。例如,美军在第二次世界大战中使用的M3冲锋枪,一周内可以生产8000挺,结构简单得都让人怀疑这究竟该不该算作枪。

第1章 什么是枪

俄罗斯的机枪弹与冲锋枪弹,前者的装药量是后者的6倍

冲锋枪中的代表作——以色列的UZI 9mm微型冲锋枪

1-11 霰弹枪
霰弹枪的有效射程较短

霰弹枪是指无膛线,并以发射霰弹为主的枪。霰弹枪主要被用作猎枪或者飞碟射击比赛用枪。

根据用途的不同,霰弹的铅粒也分为很多种,直径从1～8mm不等。打麻雀时一般用2mm的铅粒,打野鸭时用3mm的铅粒,打狐狸时用5～6mm的铅粒,打野鹿或野猪时要用8mm左右的铅粒。此外,霰弹枪还是美国警察的警用装备,使用的霰弹中通常装有九粒直径为8.2mm的铅粒。

猎用霰弹枪的标准口径是12号,即18.5mm,装填32g霰弹。若使用直径为1.5mm的铅粒,那就是1525粒;若使用直径为3mm的铅粒,那就是213粒;若使用直径为4mm的铅粒,那就是87粒。

12号口径的霰弹枪射击距离为5m时,杀伤面直径是10cm;距离为10m时,杀伤面直径是20cm;距离为20m时,杀伤面直径是40cm;距离为30m时,杀伤面直径大约有70cm。在使用不同品牌的霰弹枪和霰弹时,这一数据会略有差异。

在射击时,如果霰弹枪靠目标太近,那么铅粒在出膛之后就不能充分散开,有时候反而难以击中目标。如果离目标太远,铅粒与铅粒之间的距离又会被拉得过大,在射击飞鸟时,很容易出现鸟从弹粒间飞过却平安无事的情况。因此,霰弹枪的有效射程也就是30～50m。

第1章 什么是枪

同普通步枪弹相比，霰弹的尺寸要大得多。图中上面是霰弹的弹壳，下面是日本自卫队使用的5.56mm步枪弹

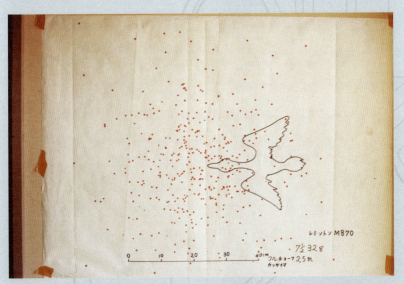

雷明顿M870全喉缩霰弹枪在使用32g霰弹（内装直径为2.41mm的铅粒），射击距离25m时的铅粒的散开状态

1-12 气枪
无需火药,经济,但威力小

按照工作原理的不同,气枪主要分为四类:"弹簧-活塞式""压缩空气式""预充气式"和"二氧化碳式"。

"弹簧-活塞式"气枪是指通过手动压缩活塞的弹簧,扣动扳机后,弹簧瞬间释放,推动活塞压缩气缸内的空气,产生强大的气压,并借此将弹丸射出。

"压缩空气式"气枪是指通过连续拨动压气杆,将空气压缩到枪体内部的储气腔内,然后扣动扳机,储气腔内的气体瞬间喷出,借此将弹丸射出。拨动压气杆的次数越多,储气腔内的气压越大,弹丸射出的速度也就越快,威力自然也就越大。

"预充气式"气枪是指通过外部气泵、气瓶等充气装备为枪体内储气腔充气,在储气腔内形成强大气压,并借此将弹丸射出。

"二氧化碳式"气枪是指在枪内使用小的液化二氧化碳气瓶,通过液体二氧化碳的汽化产生巨大气压,借此将弹丸射出。

"压缩空气式"气枪在充分压缩气体后,可以连续射击6~7次,"二氧化碳式"气枪一个液化二氧化碳气瓶可以射击20~30次,但与"弹簧-活塞式"气枪相比,威力要小得多。

不管怎么说,在威力方面,气枪远远不如火枪,但是一些优秀的气枪还是可以击穿汽车玻璃,所以不能把气枪当做玩具枪来玩耍。按照日本的法律,持有气枪和持有猎枪一样,都需要去警察局登记备案。

主流气枪的口径大致有三种:4.5mm、5mm和5.5mm。口径6.35mm的极其少见。此外,还存在一些其他口径的气枪。

第1章 什么是枪

上面那把枪是"丰和55G"二氧化碳式气枪,下面那把枪是"Sharp Inova"压缩空气式气枪

二氧化碳式气枪使用的液化二氧化碳气瓶和气枪弹,从左到右分别是4.5mm、5mm、5.5mm和6.35mm

1-13 美国的计量单位
美国人为什么习惯使用英寸和磅呢？

美国是枪支大国，所以很多枪支的数据都是用美国的计量单位来表示。无论是枪、汽车，还是飞机，美国人在表示长度的时候习惯使用英寸、英尺和码；在表示距离的时候，习惯使用英里；在表示重量的时候，习惯使用盎司和磅；在表示体积的时候，习惯使用夸脱和加仑。这些单位只有在美国才有，尤其是在美国的民间，在其他国家，几乎都不使用这样的单位。

现在世界各国通用的是国际单位制，即"SI单位"，美国政府的官方文件中也都使用kg、mm这样的国际单位，但这仅限于官方文件和学术文献，对于是否使用国际单位，美国并没有这方面的立法。在美国人的价值观中，如果政府强制在民间使用国际单位的话，那就是对自由和民主价值理念的违背，因此，政府不会强迫民间企业必须用国际单位去标注产品。只要美国民众还愿意买用美国单位标注的产品，那么美国企业就会继续按照这种标注方式生产下去。

在日本的情况就完全不同了，很早之前，日本就已经立法，严禁企业生产带有"寸"和"尺"这样计量单位的量具，也严禁生产用"贯"来表示重量的秤具。原先的量具和秤具不能再当做计量器使用，只能当做古董在古玩市场上流通。

美国是超级大国，很多标准都是它制定的，所以我们只能适应它特有的单位表示方法。在此，仅就跟枪支有关的一些单位向大家做一下介绍。

英寸（in）=25.44mm

据说来源于拇指的宽度。口径0.38in即9.5mm，枪管长26in就是66cm。

英尺（ft）=304.8mm

据说来源于脚的长度。子弹的初速2700ft/s即821m/s。

码（yd）=914.4mm

据说来源于摊开两手的距离。射程300yd即274m。

喱（gr）=0.0648g

据说来源于一粒麦子的重量。装药量50gr即3.2g。

磅（lb）=0.4536kg=7000gr

据说磅来源于古代的一种计量单位"libra"，所以简写成"lb"。

盎司（oz）=28.35g

1oz等于1/16lb。

在一些西方的古代文献中，在表示霰弹装药量的时候还会使用打兰（dr）这一单位，1dr=1/16oz=1/256lb=1.77g。在表示弹丸动能的时候会使用英尺磅（ft·lbf）这一单位，1ft·lbf=1.356J=0.13826kgf·m。

COLUMN-01

狩猎是"国际人"的必备技能

旧时，狩猎是王侯贵族的专利。今日，在欧美国家，狩猎已经成为上层人士必备的一项基本技能。在美国，每24人中就会有1人从事狩猎运动，成年男性中，每5～6人会有1人从事狩猎运动。在法国，这一比例是46∶1。就连经济不太发达的西班牙，这一比例也是100∶1。芬兰经济较为发达，所以比例高一些，能够达到16∶1。在欧美，狩猎是极为普通的一项运动。日本人要想成为"国际人"的话，如果对狩猎知识一无所知，那是肯定不行的。

此外，利用猎取的野味烹饪的美食称为"野味美食（gibier）"，是西餐中的一个重要流派。如果日本人对此一无所知的话，那真是有些难为情了。

但是，在日本要想获得这方面的知识却非常困难。

本想在此书中向大家介绍一些狩猎方面的内容，但限于篇幅，狩猎知识就只能忍痛割爱了。

不过，如果有读者感兴趣的话，可以去读一下我写的另外一本书——《狙击手入门·神射手初级讲座》（光人社，2005年）。

大家乍看到《狙击手入门·神射手初级讲座》这个书名，可能会觉得这是一本写狙击手的书，其实跟军事一点关系也没有，是一本彻头彻尾的关于狩猎的入门书。

我在书中介绍了，初学者在持有猎枪的时候需要哪些手续，如何考取狩猎资格证书，要进行哪些训练，日本的各个地方有什么样的猎物，各种猎物的生活习性，如何猎杀猎物，如何分解猎物的尸体，以及如何进行烹饪等内容。如果你身边没有一位老师教你的话，那你不妨把这本书买来读读，会发现这是一本无所不包而且又细致入微的狩猎入门书。

第2章

枪的历史

2-01 火药的发明
when、where、who 发明了火药？

人类最早发明的火药叫"黑火药"，是一种由硝石（硝酸钾）、硫黄粉和木炭组成的混合物。进入20世纪后，随着"无烟火药"的发明，黑火药逐渐被无烟火药所替代，失去了发射药的地位。但是，千百年来，只要提到火药，指的就是黑火药。

黑火药的主要成分是硝石，这一化学原料在中国汉代就已经被人知晓，但在当时更多的是被用作中药材。虽说是中药吧，但却不是给人治病的，而是当作道士炼丹的重要原料。据说吃了用硝石炼成的仙丹后，人就会"羽化成仙"。不过，经过现代医学证明，硝石可以诱发细胞癌变，所以大量摄入是非常危险的。

有人说，诸葛亮将硝石和硫黄粉混合后，发现这东西特别易燃，于是给取了个名——烧夷剂。这还有待考证，中国在宋代出现真正意义上的"烧夷剂"。据残存的文献记载，宋代的火药中，硝石所占的比例很小，所以爆炸力非常弱，不能用作弹丸的发射药，而只能当作"烧夷剂"使用。在使用时，火药先被装到一个密闭容器内，点燃后通过投石机投入敌方阵营，从而达到炸烧敌兵的目的。

在欧洲，关于火药的发明者，有人说是罗吉尔·培根（Roger Bacon），也有人说是贝尔托尔德·施瓦茨（Berthold Schwarz）。这二人都不可能是火药的发明者，只是对从亚洲传来的火药制法做了研究和改良而已。不过，欧洲人很早就知道了硝石，并将其用在了火腿和香肠的制作中。

第2章 枪的历史

罗吉尔·培根(英国)

诸葛孔明(中国)

贝尔托尔德·施瓦茨(德国)

有传言说这三人是"火药的发明者",但事实好像并非如此

2-02 火器的发明
最古老的火器是什么样子的呢?

金属枪身,并利用火药发射金属弹丸的火器究竟是何时由谁发明的,现在还不清楚。在13世纪初,出现了"飞火枪",它和我们想象中的枪完全不同,其实更类似于我们今天的烟花。在作战时,扔到敌方阵营内,靠自身的喷火来烧伤敌人。1259年,出现了"突火枪",靠竹筒来发射弹丸。

1355年,一名叫焦玉的中国人为明太祖朱元璋制造了"火龙枪",这是第一款用金属筒发射弹丸的火器。不过,近年来又发现了一把据说是制造于1322年的火器,现在正在中国国家博物馆展出。此外,在中国还出土了一门"西夏铜火炮",据说是制造于12世纪末。

中国人发明的火药究竟是通过什么路径传到欧洲去的呢?现在也还不清楚。不过据我的猜测,我觉得在"突火枪"被发明之前,火药就已经传到欧洲了。欧洲历史上第一次出现火器是在英法百年战争的中期,1346年的克雷西战役中,这是火器第一次登上欧洲战场的舞台,但遗憾的是至今也没发现实物。

在1300年前后,阿拉伯人发明了一款叫做"马达发"的木质火器。克雷西战役中使用的火器是否和"马达发"类似?究竟是木质的?还是金属的?谁也说不清楚。时至今日,欧洲最古老的火器出土于坦能堡(Tannenberg)古城遗址,该城在1399年毁于战火,出土的火器和中国的火龙枪极其相似。

第2章 枪的历史

火龙枪与"马达发"的模拟图

中国的火龙枪,世界上第一款利用金属筒发射弹丸的火器

"马达发",阿拉伯人发明的木质火器

2-03 火绳枪的登场
从蛇形引火器到火绳夹

无论是火龙枪,还是"马达发",都只能向敌方的阵营发射弹丸,并不能进行精确的瞄准。如果想瞄准的话,就只能把后面的杆子举起来,然后让金属筒对准敌人。由于这两种武器的火门都在金属筒的中部,所以在瞄准的时候,要一手把好杆子的方向,一手去点火。很显然,这很难保证金属筒的稳定。

后来发明的蛇形引火器较好地改善了这一问题。右侧上图中介绍了两种火绳枪,上面的那把枪是最原始的火绳枪,其主体结构和火龙枪基本相同,都是一根直木棍,前面插着一个金属发射器,唯一的不同就是有一根蛇形的金属引火器,在瞄准的时候,不需要再到前面去点火,直接拨动引火器的后端,就可以完成点火过程。下面的那把火绳枪其实是上面那把枪的改进版,将整个握手部位进行了弯曲,这样在点火的时候就更方便了。蛇形引火器也变得很短,功能也更接近于现代枪的扳机。

但是,在拨动蛇形引火器的时候,还是需要较大的动作,离精确瞄准还有一定距离。最后人们成功地将蛇形引火器分成了火绳夹和扳机两部分,在扣动扳机的时候,依靠弹力将火绳夹弹下,瞬间完成点火行为。这样一来,只需要扣动扳机就可以完成点火过程,命中精度大大提高。后来,人们又在枪身上安装了准星和照门,更加提高了射击的准确性。至此,现代意义上的火绳枪就基本诞生了。至于这一变化是在什么时期完成的,现在还不清楚,不过我觉得应该是在1450～1500年间。

当然了,以上所述的这些变化都是发生在西方。中国虽然是火龙枪的发明国,但是在发明之后就没有做过任何改进,一直维持在原来的落后状态,这可能跟明朝政权稳固,没有发生大的战争有关吧!

第2章 枪的历史

蛇形引火器

最初的蛇形引火器。枪身是一根直木棍，不仅点火困难，瞄准也困难

握把弯曲的火绳枪。扣动引火器的动作还是较大，不利于瞄准

扳机和火绳夹分离的火绳枪。扣动扳机时，可以依靠产生的弹力，将火绳夹压向火门，完成点火过程。由于扣动扳机的动作幅度很小，所以极大地提高了射击的命中精度

2-04 燧发枪的发明
日本人为什么不喜欢燧发枪，偏爱火绳枪呢？

在使用火绳枪时，无论走到哪里都需要带着一根燃烧着的火绳，而且还要确保它整日不熄灭，很显然这不是一件易事。

为了解决这一问题，西方人在16世纪发明了燧发枪。最初的燧发枪是齿轮式的，要先上紧锯齿状圆盘的发条，然后扣动扳机，发条释放，带动锯齿状圆盘转动，圆盘摩擦打火石发出火花，借此引燃火药。这种齿轮式燧发枪最大的问题就是需要打一发子弹上一次发条，而且生产起来也非常麻烦，所以价格非常昂贵。因此，这种枪仅被用于高级猎枪，并没有在军队中得到普及。

后来，人们又发明出撞击式燧发枪，改正了齿轮式燧发枪的一些缺点，不仅结构简单，而且故障率非常低。在17世纪，这种撞击式燧发枪不仅被当做猎枪，而且还被军队大量使用。

但是，撞击式燧发枪也存在一个缺点，那就是为了让打火石碰撞出火花，必须要有巨大的弹力，因此扣动扳机的力量就得非常大，而且打火石在撞击挡针的时候，还会带来枪身的抖动，跟火绳枪相比，命中精度要低得多。

在江户时代，已经有专门的工匠制造燧发枪，但由于命中精度比较低，所以很少有人使用。可以说，在没有什么战争，一片祥和的江户时代，日本人更加偏爱火绳枪。

第 2 章　枪的历史

初期的燧发枪

齿轮式燧发枪，锯齿状金属圆盘旋转摩擦打火石，通过产生的火花点燃火药

在欧洲普及的燧发枪

撞击式燧发枪。通过打火石撞击前面的挡针产生的火花点燃火药

2-05 火帽的发明
发射时不再存在迟滞

18世纪中叶,路易十五的军医总监班扬发明了雷汞,这是一种非常敏感的物质,即使轻微的摩擦、冲击,也会发生爆轰。

19世纪初期,亚历山大·福塞斯将雷汞放到火绳枪的引药锅上面,然后用击砧去撞击它,爆轰产生的火花瞬间引燃了引火药。但是,这一技术在当时并没有得到普及,主要是因为雷汞太敏感了,在运输的时候容易发生爆炸。

后来,为了解决雷汞的安全性问题,人们做了各种各样的尝试。有人将雷汞制成小药丸,有人将雷汞用纸包起来,还有人将雷汞装在细小的金属管里,总之是尝试了各种各样的方法,但结果都不是很理想。1822年,美国人乔舒亚将雷汞储存在小巧的金属帽中,成功地解决了雷汞的安全性问题。至此,火器史上具有跨时代意义的"火帽"诞生了。不过也有人说,火帽其实并不是乔舒亚发明的,欧洲人在他之前就已经发明了火帽。

将火帽放于引药锅的上方,通过击砧的敲击引燃引火药。后来将通过这种形式发射的枪统称为击发枪(percussion),并迅速得到普及。

无论是火绳枪,还是燧发枪,从点燃引火药到引燃枪腔内的火药,大约需要数十分之一秒,这就给发射造成了一定的迟滞,因此人们会感到从扣动扳机到子弹发射会存在一定的时间差。火帽的使用,就很好地解决了这一问题,发射时不再存在迟滞。而且,火帽还有一个优点,那就是可以防水。以前的火绳枪,引药锅都不是密封的,一旦被雨水淋湿,枪就失效了。而火帽相对密封,雨水很难打湿里面的引药。

第2章　枪的历史

雷汞的使用方法

将雷汞丸置于引药锅的上面，然后用击砧敲击

在引药锅上面放置雷汞丸，通过击砧的敲击产生火花，借此点燃引火药

火帽的使用方法

火帽

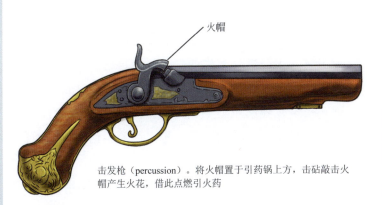

击发枪（percussion）。将火帽置于引药锅上方，击砧敲击火帽产生火花，借此点燃引火药

39

2-06 来复线和米涅弹的发明
枪的性能大幅提升

虽然不知道是谁发明了来复线，但可以肯定的是，早在火绳枪时代，来复线就已经出现了。

为了让子弹在出膛时高速旋转，就必须将子弹和枪膛内的来复线紧密咬合。当时的火绳枪都是前装式，从枪口处往里装填火药和子弹。如果子弹能够轻易地被装进去，那就肯定不能和来复线咬合，来复线的作用也就消失了。为了解决这一问题，人们在细铁棒上绑上布条或皮革，用力将子弹顶进去，这样一来就会耗费大量的时间，不适于在战场上使用，所以早期有来复线的火绳枪并没有普及开来，仅是作为高级猎枪，或者从事特殊任务的士兵用枪使用。

1849年，法国人米涅发明了一种圆头柱形弹，这就是我们常说的米涅子弹。这种子弹的弹底存在一个圆锥形的空腔，空腔内一般都会加入木塞。米涅子弹是次口径弹，装填比较简单，当顶住火药后，再用力一顶，子弹底部会扩张，从而与枪膛壁吻合。射击时，火药燃烧产生的强大气压迫使空腔内的木塞向前移动，再次撑大子弹。子弹膨胀与来复线咬合并形成强大的气封，弹头在来复线的压迫下旋转飞出枪膛，命中精度大大提高。来复线和米涅弹被发明以后，枪支的命中精度比以前的滑膛枪提高了3倍。

在拿破仑时代，军队使用的都是球形弹丸，命中精度并不高，所以他才敢组成拿破仑方阵，并在进攻的时候鸣鼓助威。如果换做米涅弹，我想他肯定不敢再使用这样的阵型。可以毫不夸张地说，米涅弹的发明彻底改变了军队的作战方式。

第2章 枪的历史

来复线的种类

梅特福式　　　恩菲尔德式　　　棘齿式　　　多边式
（metford）　（enfield）　（ratchet）　（polygonal）

米涅弹

米涅弹是次口径弹，装填比较简单，当顶住火药之后，再用力一击，会使弹底扩张，从而与枪膛壁吻合

射击时，火药燃烧产生的强大气压迫使空腔内的木塞向前移动，再次撑大子弹，从而使子弹与来复线紧密咬合

41

2-07 转轮枪的发明
能够连射六发子弹的枪

在单发枪出现以后，为了解决不能连发的问题，有人曾设想在一个枪身上安装多个枪管来解决这个问题。可是，后来通过实验发现，这条道路是走不通的。如果安装多个枪管，枪体就会变得很重，携带起来很不方便。后来，人们改变了思路，转而在一个枪身上设置多个药室，通过旋转让不同的药室接触引火药，于是转轮手枪就诞生了。

最初的转轮手枪使用的是火绳枪和燧发枪的点火方式，需要每射一发子弹，在引药锅中加一次引火药，操作起来还是比较麻烦，不能快速连续射击。后来在19世纪30年代，美国人塞缪尔·柯尔特发明了火帽击发式转轮手枪，在每个药室后面都加上一个火帽，从而解决了需要不断添加引火药的问题。

在使用火帽击发式转轮手枪时，每拉开一次击锤，旋转弹膛就会转动一个弹巢，通过不断扣动扳机和拉开击锤就可以实现子弹的连续射击。旋转弹膛的弹巢数目有多有少，不过大部分都是六个。

在击发式子弹发明之前，六发式的旋转弹膛要从前面加入火药和弹丸，再从后面盖上火帽，所以需要大量的时间，但不管怎么说，转轮手枪的出现在枪支发展史上还是具有重大意义的。后来，史密斯和韦森发明了0.22in边缘发火式金属子弹，装弹的速度才得到大幅提高。

第2章 枪的历史

塞缪尔·柯尔特发明的火帽击发式转轮手枪

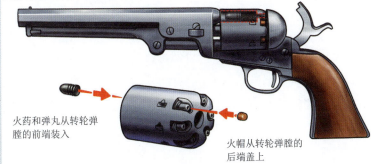

火帽击发式转轮手枪的装药方式

火药和弹丸从转轮弹膛的前端装入

火帽从转轮弹膛的后端盖上

2-08 后装式枪的发明
金属枪弹的发明让后装式枪变为可能

右上图是15世纪制造的弗朗机炮,药室部分已和炮身分离,并可以被替换。在作战时,通过不断替换药室就能实现炮弹的连续发射。但是在后来,这种后装式大炮却逐渐被淘汰。直到19世纪,原始的前装式大炮一直是主流。

看起来非常先进便利的弗朗机炮为什么会惨遭淘汰呢?这主要跟当时的制造技术有关,由于药室和炮身不是一个整体,导致气密性不是很好。虽然使用的火药很多,但由于漏气,大炮的威力却很弱。此外,火药燃烧产生的高热高压气体还经常会烫伤周围的士兵。前装式大炮就不存在这些问题了,用的火药越多,大炮的威力也就越大,射程也就越远。

后来,随着加工技术的进步以及火帽的发明,人们开始研制后装式枪,但无论进行多么精密的加工,都难以解决枪身的漏气问题。

金属子弹的发明让后装式枪变为可能。史密斯和韦森发明的金属子弹将弹头、弹壳和火药结合在一起,火药在密闭的弹壳内燃烧时,产生巨大的气压,最终将弹头发射出去。因为弹壳和弹头为火药营造出一个密闭空间,自然也就不存在漏气问题了。

右下图上面那把枪是英国前装式的恩菲尔德步枪,下面那把枪是后装式的施奈德步枪。施奈德步枪其实就是在恩菲尔德步枪的基础上改造而成的,将恩菲尔德步枪的药室部分打开,安装上开闭装置和击针,这样就可以从后方装入金属枪弹了,由于雅各布·施奈德最早提出了这一创意,所以将这款枪定名为"施奈德步枪"。在幕府末期和明治初期,施奈德步枪传入日本,后来一直使用到西南战争(1877年)时期。

第2章 枪的历史

弗朗机炮

由于漏气严重,弗朗机炮的威力非常弱,最终惨遭淘汰

前装式的恩菲尔德步枪

施奈德步枪

将恩菲尔德步枪的药室部分打开,安装上开闭装置和击针后就变成了施奈德步枪

2-09 连珠枪的出现
能够连续射击的步枪称为连珠枪

随着金属子弹的使用，各种类型的后装式步枪被发明出来，至今仍然在使用着的后装式步枪主要有折叠式步枪、杠杆式步枪（lever action）、栓式步枪（bolt action）和唧筒式步枪（pump action）等。除折叠式步枪以外，其他各款步枪都设有弹仓，能够储存多颗子弹。

杠杆式步枪出现于19世纪中期，通过操作压弹杆可以将弹仓内的子弹不断送到弹膛内，从而实现连续射击。在美国的西部片中，我们经常可以看到杠杆式步枪的身影，但由于它不能像栓式步枪那样使用大威力的子弹，再加上卧姿射击的时候非常不方便，所以一直没有在军队中得以普及。

唧筒式步枪在卧姿射击的时候也很不方便，再加上它的枪支结构存在先天缺陷，两侧的木质护板和机身之间存在间隙，命中精度不高。但是，很多霰弹枪使用的都是唧筒式，也称为泵动式霰弹枪。

栓式步枪是当时在世界上最普及的步枪，各国军队使用的几乎是清一色的栓式步枪。中日甲午战争中，日军使用的就是"村田铳"单发栓式步枪，后来加上弹仓之后，更名为"村田连发铳"。日俄战争中使用的是30式栓式步枪。日军在第二次世界大战中使用的38式步枪和99式步枪都是在30式栓式步枪的基础上改造形成的。直到第二次世界大战结束时，世界上大多数国家使用的都还是栓式步枪。

在第二次世界大战结束后，自动步枪逐渐成为主流，但栓式步枪并没有退出历史舞台，今天我们看到的很多狙击步枪、比赛用枪和猎枪等大都还是栓式步枪。

第2章 枪的历史

杠杆式步枪——M73温彻斯特连珠枪

日军使用过的99式栓式步枪

2-10 机枪的出现
机枪让战争的伤亡率剧增

在前装式枪的时代，已经出现了类似于机枪的武器。在一个平板车上，并列摆放许多步枪，装上子弹后依次射击，可以取得类似于机枪的效果，但是在一次射击过程结束后，要耗费大量时间去重装子弹，使用起来非常不方便，所以一直都没有在实战中使用。

后来，随着金属子弹的发明，机枪也最终变为可能。但是，在无烟火药发明以前，手动式的加特林机枪（gatling gun）一直占据主流地位。

在19世纪末，美国人勃朗宁和马克沁发明了全自动机枪，依靠子弹发射时产生的反作用力带动枪身内部机构运转，从而实现子弹的连续射击。

后来，勃朗宁重机枪被美军采用，而马克沁重机枪则被英军、德军和俄军采用。在日俄战争中，让日军吃尽苦头的就是马克沁重机枪。

法军使用的是哈气开斯公司（hotchkiss）生产的机枪。后来，日本成功仿制哈气开斯机枪，实现了此款机枪的国产化。这款机枪的原理主要是利用射击时子弹喷出的火药气体推动活塞运动，从而带动枪支内部机构运转，使枪完成开锁、退壳、送弹和重新闭锁等一系列动作，实现子弹的自动连续射击。

在拿破仑时代，法军穿着红色的军服，排着密集的阵型，敲着大鼓，雄赳赳气昂昂地征服了整个欧洲。五十年之后，机枪被发明出来，战争的伤亡率大增，这种拿破仑方阵式的作战方式就再也派不上用场了。

第2章 枪的历史

马克沁重机枪

右一是法国造的哈气开斯7.9mm重机枪,右二是太原造的仿日38式6.5mm重机枪,而日本的38式6.5mm重机枪就是仿制哈气开斯7.9mm重机枪生产的

2-11 冲锋枪的登场
使用手枪弹的全自动枪

在中日甲午战争和日俄战争中,既没有装甲车也没有飞机,大炮还得靠马拉,机动性非常低,所以当时战争的主角就是步兵手中的步枪。两军的步兵各排成一列横队,隔着1km或2km的距离相互射击。当时采用的是一种集体射击,靠弹雨压制对方的作战方式,这主要是因为在这么远的距离上很难实现精确瞄准射击。因此,当时步兵使用的步枪弹都是大威力的子弹,射程达到2km时仍可具有杀伤力。

机枪出现之后,这种作战方式就不灵了。如果继续采取过去的作战方式去攻打敌方拥有机枪的阵地,那么只会导致自己的士兵尸横遍野。于是,更多的是采用夜袭或者挖壕沟的方式,与敌人近距离作战,或者直接进行肉搏战。

这样一来,一直重视远距离射击的步枪就逐渐失去了作用。首先,步枪的枪身细长,在狭窄的壕沟内行动起来非常不方便。再者,当时使用的大多是栓式步枪,需要打一发子弹拉一下栓,难以适应快节奏的近身战。当然了,如果距离非常近的话,手枪会派上用场。但是再稍微远一点的话,手枪就不管用了。

在第一次世界大战末期,使用手枪弹并且能够高速扫射的冲锋枪开始登上历史舞台。最早的冲锋枪是德国的MP18冲锋枪。受其良好性能的刺激,在第二次世界大战中,各国积极研发并开始配备冲锋枪,其中比较著名的枪型有德国的MP38冲锋枪、美国的M1汤普森冲锋枪(M1 Thompson machine gun)和英国的斯登冲锋枪(sten gun)。

第2章　枪的历史

美国在第二次世界大战中使用的M1汤普森冲锋枪

苏军在第二次世界大战中使用的波波沙冲锋枪

2-12 自动步枪的登场
最初并不怎么受欢迎的一款枪

机枪被发明出来以来,自动步枪在技术层面上已经不存在任何问题。但是在第一次世界大战前,各国对自动步枪并没有多大热情。

步枪弹的威力非常大,在发射的时候,步枪的后坐力会很大,枪口的跳动也非常明显,因此每打一发子弹,就要重新瞄准一次目标,这一过程通常需要4~5s,尤其是栓式步枪,拉栓就需要耗费1s,所以是5~6s发射一发子弹。第一次世界大战前的战争大多是远距离的互射,所以能够连续射击的自动步枪并没有多大的实用价值。

但是在第一次世界大战时,近身搏斗越来越多,士兵在跳入敌方战壕后,用枪射击自然要比用刺刀去捅方便得多,而老式的步枪并不能满足这一需要。老式步枪在射击的时候需要一定的时间,可能在拉栓的时候,敌人的刺刀就已经伸到胸前了,所以士兵们迫切想拥有自动步枪。

在近身搏斗的时候,冲锋枪虽然可以发挥威力,但是在距离超过100m时,冲锋枪的命中精度就毫无保障了。因此,在双方距离超过100m的时候,为了保证命中精度和射击频率,自动步枪就变得非常必要。

在第一次世界大战后,世界各国开始致力于研发自动步枪,但由于当时世界经济比较萧条,各国没有那么大的财力进行研究和试验,所以基本没有装备部队。在第二次世界大战爆发的时候,只有美军大量装备了自动步枪,其他国家仅有少量部队装备了自动步枪。

第 2 章 枪的历史

美军从第一次世界大战一直使用到朝鲜战争的勃朗宁自动步枪。美军称其为"班用自动武器",尽管是一款自动步枪,但由于枪身比较重,所以一直被当做轻机枪使用

美军在第二次世界大战中大量配备的M1自动步枪。在当时,只有美国大量配备了自动步枪,其他国家仅仅是装备了一小部分部队

2-13 突击步枪的登场
威力介于冲锋枪和步枪之间的一款枪

在第二次世界大战时，很多士兵都是一手拿着步枪，一手拿着冲锋枪，行动起来非常不方便。在冲入敌方阵地后，可以用冲锋枪扫射，用凶猛的火力消灭敌人。但是在超过100m的地方，冲锋枪的命中率就很难保证了，没办法，只好将冲锋枪换成步枪，这样才能保证命中率。

日军在第二次世界大战中出现了一个问题，由于受中日甲午战争和日俄战争的战术思想的影响，士兵使用的仍然是大威力的步枪弹，即使距离2km，也可以保证子弹的杀伤力，但是在现代战争中，大多都是近身战，根本不需要步枪有那么远的有效射程。于是就有人设想，如果有效射程仅需要数百米的话，那就根本没必要使用原先的大威力步枪弹，可以将子弹造得小一些，后坐力也会相应变弱，而且还能够像冲锋枪那样连续射击。这样一来，不仅能够弥补冲锋枪有效射程不足的问题，同时还可以提升步枪的火力，可以说是一举多得。

将这一想法率先变为现实的是德国，在第二次世界大战末期，德国研制出StG44突击步枪。

StG44突击步枪的弹匣的容弹量是30发，使用小型子弹，弹壳的长度仅为毛瑟98式步枪的步枪弹的一半。这款枪集合了步枪和冲锋枪的优点，既可以精确瞄准射击，又可以进行扫射。这款突击步枪让苏军吃尽了苦头，直接促成了苏联人对AK-47突击步枪的研发。

现在，在世界上各国军队使用的步枪中，虽然有些不被称为突击步枪，但也大都属于突击步枪的范畴。

第 2 章 枪的历史

步枪与突击步枪。上图是俄罗斯的AVT-1940自动步枪，下图是AK-47突击步枪

使用子弹的不同。右侧三发子弹从右往左分别是俄罗斯的手枪弹、突击步枪弹和步枪弹；左侧三发子弹从右往左分别是德国的手枪弹、突击步枪弹和步枪弹

2-14 小口径高速弹的时代
从 7.62 ~ 5.56mm

吸收第二次世界大战的教训，苏联最终研发出AK-47突击步枪。此款突击步枪的口径和以往的步枪口径相同，都是7.62mm，但是使用的子弹却要小得多，装药量也仅为原先的一半，而且弹头重量从9.6 g缩减到7.9g。

美国迟迟没有意识到小型子弹的优点，结果导致其在越南战争中吃尽了苏联AK-47突击步枪的苦头。

在口径相同的情况下，如果使用含药量少的子弹，势必会造成弹头的出膛速度减慢，而且在飞行过程中，空气阻力造成的减速也非常明显。也就是说，在同等口径的情况下，小型子弹的弹道抛物线的弧度要比传统步枪弹的弹道抛物线的弧度大得多。在实战中，如果对目标距离判断失误的话，直接会导致小型子弹的失准。

美国的枪支专家认为，如果子弹的装药量减半，那么枪支的口径也必须相应缩小，这样才能减少空气阻力，而且也能降低目标距离判断失误时的命中误差。在这一理论的引导下，美国人最终研发出了M16突击步枪，口径仅有5.56mm。虽然口径变小了，但是出膛速度可以达到900m/s，而且命中精度也一点不逊于原先的7.62mm步枪。

这次轮到苏联人去想对策了，经过研究，苏联人也决定研发小口径高速弹突击步枪，最终在AK-47突击步枪的基础上改造研发出5.45mm口径的AK-74突击步枪。后来，中国也研发出5.8mm口径的95式步枪。现在世界各国的步枪基本都已跨入了小口径高速弹的时代。

第2章 枪的历史

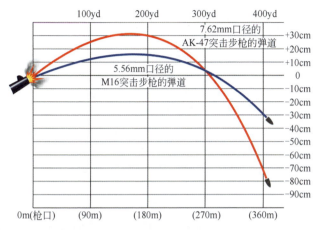

AK-47突击步枪的弹道的前半程非常优秀,但是后期减速明显。M16突击步枪由于使用小口径高速弹,受空气阻力的影响较小,弹道的弧度也相应就比较小

AK-47突击步枪(上)和M16突击步枪(下)

2-15 89式步枪
自卫队的主力步枪

日本自卫队现在装备的5.56mm口径89式步枪，全长91.6cm，3.5kg，使用小口径高速弹。5.56mm口径是欧美各国通用的步枪口径，所以在战事吃紧、子弹供应不过来时，可以直接从国外采购。

89式步枪和美国的M16突击步枪的弹匣完全一样，而且世界上很多国家的主力步枪也都使用这款弹匣，例如韩国等等，彼此之间都可以互换。此款弹匣的标准容弹量是30发。但是，装甲部队在使用的时候，由于30发的弹匣太长，在狭窄的车内使用非常不方便，所以将其缩短为20发子弹。

如右图所示，89式步枪的右侧面有一个"快慢机"，上面标着"ア""レ""3""タ"四个符号，"ア"表示"保险"；"レ"表示"连射"，大约每秒能射出10发子弹；"3"表示"3发连射"；"タ"则表示"单发"，扣一次扳机射一发子弹。

89式步枪还自带"两脚架"，可以支在地上射击。这样一来，哪怕射手气息不稳，也能够保证射击的准确性。尤其是在连射的时候，枪身晃动非常大，而使用两脚架可以很好地稳定住枪身，即使射击距离超过300m，也可以命中正常人体大小的目标。

不过细究起来，89式步枪也存在诸多的不足。我写过一本书——《自卫队89式步枪》（并木书房），其中系统地介绍了89式步枪的优点和缺点，感兴趣的朋友不妨找来读一下。

第2章 枪的历史

89式步枪

从左上角顺时针方向分别标注有"ア"(保险)"レ"(连射)"3"(3发连射)和"タ"(单发)

当多把89式步枪支开两脚架集中火力射击的时候,其威力还是非常惊人的

中国95式自动步枪

　　日本和欧美各国的步枪使用的大多是5.56mm的高速小口径步枪弹，俄罗斯使用的是5.45mm的高速小口径步枪弹。为了适应国际潮流，中国也研发出口径为5.8mm的"95式自动步枪"。

　　5.8mm步枪弹的弹丸重4.15g，装药量1.8g，出膛初速为920m/s，300m处可以击穿10mm的钢板，700m处可以击穿3.5mm的钢板。在同等距离的条件下，俄罗斯的5.45mm步枪弹不能击穿相应厚度的钢板，而日本和欧美各国的5.56mm步枪弹只有70%能够击穿相应厚度的钢板。中国的95式自动步枪火力强劲，但是后坐力巨大。笔者曾亲身体验过，感觉后坐力大约是M16突击步枪的2倍。

　　如图片所示，95式自动步枪的弹匣在扳机后侧，是一款"犊牛式（Bullpup style）"步枪。英国和法国等国家的步枪也大多采用"犊牛式"。

　　"犊牛式"步枪有个典型的特点就是将弹匣移到了扳机后面，这使其拥有了"枪身短，但膛线长""连射时，枪身更稳定"等优点，但同时也带来了相应的不足，"犊牛式"步枪的无把结构，使得射击时，射手贴腮靠烟源太近，弹壳抛出后，烟雾常会遮蔽射手的双眼，并且射击时，噪声特别大。

中国95式自动步枪的弹匣在扳机后面，是一款"犊牛式"自动步枪

第3章

弹 药

3-01 发射药不能用炸药
爆燃与爆轰的区别

在发射子弹或炮弹时，用的是无烟火药，主要成分是硝化纤维。如果用TNT或者黄色火药等烈性火药做发射药的话，别说发射子弹了，连枪都会被炸掉。也许有人会觉得把药量减少就可以了，其实如果将药量减少到不炸坏枪支的程度，那么也就没有足够的动力将子弹射出枪膛了。

TNT等烈性炸药在爆炸时发生的反应叫"爆轰"，而黑色火药发生的反应叫"爆燃"，两者的"爆速"（译者注：爆速是指爆轰波在炸药中传播的速度）相差悬殊。

"爆燃"的原理和木炭或者柴火燃烧的原理一样，都是从一端点燃之后，再逐渐向周边延伸，不过爆燃的速度比普通的燃烧要快得多，能够达到200～300m/s。但是，"爆轰"就完全不同了。爆轰是指在炸药的中心通过雷管的爆炸产生每秒数千米的爆轰波，通过这种爆轰波引起炸药分子结构的变化，最终引发爆炸的反应。

如果我们用火去点燃TNT或黄色火药的话，根本不可能发生爆炸，可以看出爆轰并不是炸药的燃烧反应。要想引爆烈性火药，必须使用雷管，通过雷管的爆炸给予火药剧烈的冲击，诱发爆轰反应。

在肉眼看来，黑色火药、无烟火药的爆燃与TNT、黄色火药的爆轰没什么区别，呈现给我们的都是爆炸现象，其实两者是完全不同的反应。

黑色火药与TNT、黄色火药的区别

将黑色火药装在一根长管内，从一端点燃，燃烧速度大约能达到1cm/s，导火线的工作原理就是如此

将黑色火药置于一密闭容器内，通过导火线引燃之后，密闭容器内的压力会增大，当压力超过了密闭容器的承受范围，就会发生爆炸

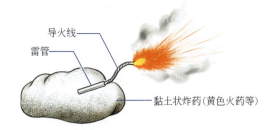

用火去点燃TNT或黄色火药等烈性炸药时，只会引起炸药的燃烧，并不会引起爆炸，必须用雷管才能引爆烈性炸药

3-02 发射药的燃烧速度
不合适的燃烧速度会损坏枪支

霰弹枪用的发射药和步枪用的发射药的化学成分其实都一样，但是如果将霰弹枪用的发射药用于步枪的话，就会造成步枪的损坏；如果将步枪用的发射药用于霰弹枪的话，发射药则不能充分燃烧，会和铅粒一起从枪口喷出去。

之所以出现这样的结果，主要是因为霰弹枪用发射药和步枪用发射药的大小和形状不同，导致燃烧速度不同。这其实也很好理解，相同重量的一把筷子和一整块木材，在燃烧的时候，筷子的燃烧速度显然要快得多。

发射药也是如此，形状大的燃烧得慢，形状小的燃烧得快。因此，在使用枪炮的时候，要根据枪炮的种类选择合适的发射药。

步枪在射击的时候，必须要让子弹咬合到膛线内，这样一来，就会给弹头造成一定的阻力。但是，霰弹枪是滑膛枪，子弹在飞出的时候仅会受到极其微小的阻力。发射药有一个特点，压力越大，燃烧越快。如果将霰弹枪用的发射药用于步枪的话，由于燃烧速度过快，会导致弹壳内的压力急剧上升，再加上来自膛线的阻力，最终还不等将子弹射出，弹壳就会发生爆炸，从而造成枪支爆膛。

也就是说，弹头在枪膛内受到的阻力越大，所需要的发射药的燃烧速度就要越慢。

我把一把M16突击步枪给废了……

有一天，我心血来潮，利用散装的火药、火帽、弹壳和弹头自己组装子弹，然后拿起一把M16突击步枪就向射击场走去。我支好枪，认真地瞄准，就在扣动扳机的那一瞬间，突然听到"嘭"

第3章 弹 药

的一声,这声音显然和正常的射击声音不同,而且枪身上还冒出了白烟。

我最初还纳闷发生了什么事,但很快就意识到出事了。M16突击步枪的枪身已被炸裂,弹匣也被冲了出来,一些小的碎片射入我的脸部和肩膀内。我一直不愿意相信,心中嘀咕:"像我这样的老手,不至于出现这种失误啊?"

怀着难以置信的心情,我亲手将自己组装的子弹打开,发现原来是错将M1卡宾枪用的火药装到了M16突击步枪弹的弹壳里了。人就是这样,即使是再大的专家,在这一生中,也难免会犯错误。

爆炸时的景象

我当时还在纳闷,怎么只听到枪响,没感觉到后坐力啊?定睛一看,原来把枪给废了

3-03 发射药的恰当燃烧速度
口径和弹重决定着使用火药的种类

前文已述，受弹丸在枪膛内通过时所受阻力的影响，如果将霰弹枪用的发射药用在步枪上，那么毫无疑问会造成枪支的损坏。不过，有的步枪也使用"22 rim fire"这样的小型子弹，在枪膛内通过时所受的阻力较小，所以使用霰弹枪用的速燃性火药也是可以的。同样的道理，当霰弹枪发射的铅粒较多时，也可以使用发射小型步枪弹的发射药。

在选择发射药时，要根据步枪的口径以及发射子弹的重量选择相应燃烧速度的火药。例如，同为7.62mm口径的步枪在发射7g和10g的弹头的时候，使用的发射药是完全不同的。如果弄错了，那就会造成枪支的损坏。

右图是枪膛内膛压的变化图，红色部分的面积表示发射弹丸时的能量。

A图表示发射药燃烧速度过快，在短时间内产生极高的膛压，对枪身造成很大负担。不过，如果此时换成比较轻的子弹，那么整个膛压变化就会变成B图那样。

B图表示发射药燃烧速度恰当，虽然发射弹丸时的能量很大，但是膛压并不高，在此状态下，即使枪身钢板较薄，也可以安全地发射高速弹头。不过，如果此时换成比较重的子弹，那么整个膛压变化又会变成A图那样。

C图表示发射药燃烧速度过慢，还没有完全燃烧透彻，就从枪口喷出了，因此也就不能有效地射出弹头。在此状态下，如果换成比较重的子弹，那么整个膛压变化就会变回B图那样。

膛压曲线

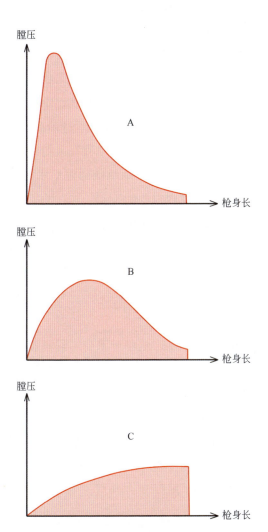

A图中发射药的燃烧速度过快，会给枪身造成较大负担。B图中发射药的燃烧速度恰当。C图中发射药的燃烧速度过慢，会造成发射药的浪费

3-04 黑火药
人类史上最早的火药

黑火药是人类发明的最古老的火药，在无烟火药被发明之前，一直被用作枪炮的发射药。黑火药的成分比较简单，由75%的硝酸钾、10%的硫黄和15%的木炭混合而成。由于在混合时要求各种材料都必须呈粉末状，所以即使混合得再均匀，在搬运的时候也难免会发生分离。粉末状的火药易吸潮，而且燃烧速度快，保存和使用起来都非常不方便，所以就通过加水将其凝结成块状，然后根据需要将其切割成需要的形状。现在的黑火药大多都是通过机械将其压缩成块，已经不再需要加水了。

与无烟火药相比，黑火药的威力要小得多，所以在用作发射药时，用量会比较大，这也就导致了使用黑火药的枪械一般都比较笨重。

此外，黑火药在燃烧的时候，烟比较多，在连续射击时，会在枪炮前面形成一道烟幕，这样一来会妨碍瞄准，另外就是灰尘比较多，容易堵塞自动步枪或者机枪内部的结构，造成枪支故障。此外，与无烟火药相比，黑火药更容易锈蚀枪支，处理起来非常麻烦。

鉴于以上原因，现在的枪炮基本都不再使用黑火药做发射药了。不过，一些趣味性的复古枪支还是会选择用黑火药。例如，火绳枪比赛以及一些猎枪依然会选择用黑火药当发射药。

黑火药还有一个优点那就是点火比较容易。在一些重型大炮中，发射药需要大量的无烟火药，点燃起来非常不方便，所以就用黑火药做引火药，借以引燃无烟火药。

军需工厂合掌里

合掌里是日本的一种建筑样式,如下图所示,屋顶宛如两只手撑在一起,所以称作合掌里。这样的建筑物被用来生产制造黑火药的必备材料——硝酸钾。

日本没有硝石矿藏,在战国时期,由于火器的广泛使用,硝石不得不从国外大量进口。后来一个偶然的机会,有人发现可以通过生物技术,利用硝化细菌将尿液中的氨和植物灰烬中的钾生成硝酸钾。

究竟是谁发明了这一技术,现在还不清楚,不过我个人觉得应该是从东南亚,也许是从泰国传过来的。在江户时代,岐阜县的白川村和富山县的五条山是利用生物技术生产硝酸钾的重要基地,因此这两个地方也就建有大量的合掌里建筑。

在欧洲,直到法国大革命的时候,人们才发现了可以利用生物技术制造硝酸钾。欧洲雨水较少,在露天环境,或者屋檐下就可以制造硝酸钾,根本不需要日本式的合掌里建筑。

军需工厂合掌里,在这样的建筑物内生产硝酸钾。
照片提供:岐阜县白川村村委会

3-05 无烟火药
初期的无烟火药容易自燃

无烟火药发明于19世纪中叶,直到19世纪末期才得到广泛使用。与黑火药相比,无烟火药在燃烧时产生的烟非常少,因此得名无烟火药。说是无烟火药,其实也不是一点烟都没有,只是与大炮这样的大型火器相比,冒出的那点烟就微不足道了。

无烟火药的主要成分是硝化纤维,是将棉花等植物纤维经过硝酸处理而成。棉花在经过数小时的硝酸浸泡之后,虽然外形还跟原先一样,但其实已经变成了火药,因此被称作"火药棉"或者"gun cotton",这时只要碰见火星,就会剧烈地燃烧。在批量生产火药棉时,先要将棉花打成纸浆状,然后再进行硝化处理。

但是,火药棉有一个缺点,那就是燃烧速度过快,不能用作发射药,所以在发明之初,仅仅是被当做鱼雷的炸药使用。

棉絮状的硝化纤维在加入乙醚或者乙醇之后,会溶化成凝胶状的液体,将乙醚或者乙醇挥发出去之后,就会形成固态的赛璐珞状无烟火药。

将硝化纤维溶于硝化甘油

棉絮状的硝化纤维不仅可以溶于乙醚和乙醇,还可以溶于硝化甘油。硝化甘油是制造黄色炸药的必备原料。将硝化纤维溶于乙醚或者乙醇的无烟火药称为单基火药,溶于硝化甘油的无烟火药称为双基火药。

双基火药的威力要比单基火药强劲，燃烧时的温度也更高，因此会缩短枪支的寿命，不过可以通过加入硝基胍来控制燃烧时的温度。将硝化纤维溶于硝化甘油和硝基胍的无烟火药称作三基火药，只被用于重型火炮的发射药。小型火器还是普遍使用单基火药或者双基火药。

无烟火药的自然分解

随着时间的流逝，无烟火药会发生自然分解，因此在发明之初，经常会发生自燃事故。无烟火药在生产过程中残存的酸性物质对其危害非常大，不过可以通过清洗将酸性物质清除掉，但是无烟火药的自然分解却是不可避免的。在分解过程中会产生酸性物质，酸性物质又会加快无烟火药的分解，最终导致无烟火药的自燃。后来人们在无烟火药中加入稳定剂，借此来中和分解过程中产生的酸性物质。

最初是使用凡士林或二苯胺来做稳定剂，现在则普遍使用二甲基二苯基脲（二号中定剂）、二苯氨基甲酸乙酯来充当无烟火药的稳定剂。

无烟火药能够自然分解的特性是不可改变的，但是通过现代化的制造工艺和品质管理可以确保其在 5～10 年内不发生变质。变质的无烟火药会发出一种酸味，而且用手摸上去会感觉湿漉漉的。如果用铁制容器来盛放变质的无烟火药，很快就会造成容器的锈蚀。若发现这一现象，那就已经非常危险了，要及时作出处理。

3-06 子弹
中火式子弹和缘火式子弹

子弹在日语中称作"実包"和"弾薬包",在英语中称作"cartridge"。"cartridge"的本意是指将某类物质汲取到自己体内的物品,例如钢笔的墨水管和桌用燃气灶的液化气瓶等。墨水管是将墨水吸取到自己体内,而液化气瓶则是将液化气灌压到自己体内。同样的原理,因为弹头和发射药都要被安装到弹壳里,因此子弹在英国也被称作"cartridge"。

在子弹发明之前,需要从枪口注入发射药和弹丸,并且还要在引药锅中注入引火药,使用起来非常麻烦。

不过,霰弹枪的子弹在日文中有个专有名词,叫"装弹",在英语中被称作"shell"。关于霰弹枪子弹我会在8-01节中予以详细介绍。

现在小型枪支使用的子弹大都如右图所示。上图中的子弹的火帽在子弹底部的边缘,因此称作"缘火式子弹(rim fire)";下图中的子弹的火帽在子弹底部的中央,因此称作"中火式子弹(centre fire)"。

与中火式子弹相比,缘火式子弹的构造更为简单,造价也更为低廉,但它有一个缺点,那就是底儿太薄,如果造大了,一旦掉落的话,就会非常危险,因此缘火式子弹大都比较小,以0.22in口径的子弹居多。当然了,在历史上也有大的缘火式子弹,不过现在很少见了。

第3章 弹 药

缘火式子弹

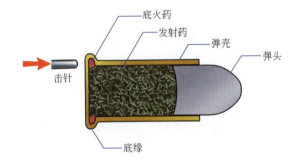

中火式子弹

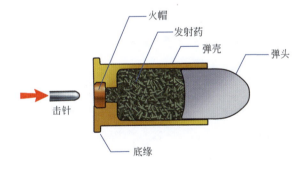

3-07 火帽
巴克瑟式火帽和伯丹式火帽

火帽由铜或者黄铜制成，小杯状，内装底火药，外表镀镍，呈银色。

最早的底火药是雷汞，但是雷汞在自然状态下易分解，而且价格高昂，还容易锈蚀枪膛，从20世纪中叶开始，逐渐被三硝基间苯二酚铅所代替。

但是三硝基间苯二酚铅也存在一个问题，那就是火焰量不足，所以又在其中加入了硝酸钡等物质来提高燃烧强度。

火帽被撞针冲击的部位叫做击砧(anvil)，是一个非常小的金属构件。底火药位于击砧和火帽壁之间，只要受到撞针的冲击就会燃烧。

此外，也存在没有击砧的火帽。

伯丹式火帽就不存在击砧，不过在弹壳底部容纳火帽的部分，弹壳自身有一个凸起，其实就起到了击砧的作用。在第二次世界大战前，欧洲各国和日本普遍使用此种火帽。现在，俄罗斯和中国军方依然在使用此种火帽。

带有击砧的火帽称作巴克瑟式火帽。由于巴克瑟式火帽装卸非常简单，所以深得民间用枪人士的喜爱。现在，美国军方使用的子弹大多是此种火帽。

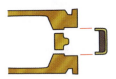
伯丹式火帽

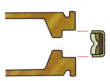
巴克瑟式火帽

平底型　　　　　　　　圆底型

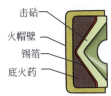
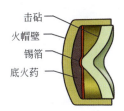

击砧
火帽壁
锡箔
底火药

巴克瑟式火帽包括平底型和圆底型两种，美军使用平底型，日本自卫队使用圆底型，两者的性能没有差别

火帽的平面图

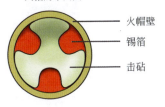

火帽壁
锡箔
击砧

3-08 弹壳的材质
手枪弹和步枪弹用的是黄铜，霰弹用的纸壳

当今时代，手枪弹和步枪弹的弹壳用的大都是黄铜，不过德军和苏军在第二次世界大战中使用的却是铁质的子弹壳。此外，美军在第二次世界大战中使用的部分手枪弹的弹壳用的也是铁。即便在今天，俄军和中国军队依然在使用铁质的子弹壳。由于铁易锈蚀，所以会将弹壳进行镀铜或者涂漆处理。

霰弹枪所使用霰弹的弹壳大多由纸壳或者塑料制成，部分弹壳也会使用铁或铝来制作。

铁质弹壳的优点是便宜，而且重量轻，但是加工困难，易锈蚀，所以如果不缺铜的话，还是用铜来做弹壳比较好。

在黑火药时代，霰弹的弹壳是由纸壳或者黄铜制成，在同等口径的情况下，黄铜弹壳要比纸质弹壳贵得多。进入无烟火药时代以后，除特殊情况外，大部分霰弹的弹壳则都是由纸壳或者塑料制成。当然了，也有黄铜材质的弹壳，大都是为古董枪专门生产的。

铝质弹壳大多用于转轮手枪和霰弹，但由于其强度不够，所以没有普及开来。但它有个优点，那就是重量轻，部分战车炮和机关炮会选择使用铝质弹壳的子弹。当然了，有一些步枪弹也会选择铝质弹壳。

黄铜是一种铜锌合金，铜占70%，锌占30%，可以看出这不是一种便宜的材料，所以现在人们已经在研究如何用塑料来代替黄铜。不过，大家担心塑料难以保存十年以上，而且担心在零下数十摄氏度的低温环境下无法正常使用，所以至今还没有得以应用。

第3章 弹药

弹壳的各种材质

① 手枪弹和步枪弹常用的黄铜弹壳
② 银色的镀镍黄铜弹壳
③ 铝质弹壳
④ 镀铜铁质弹壳
⑤ 涂漆铁质弹壳
⑥ 镀锌铁质弹壳
⑦ 霰弹的金属底纸质弹壳
⑧ 霰弹的全纸质弹壳
⑨ 霰弹的全塑料弹壳

3-09 弹壳的形状（1）
枪支不同，所使用的子弹的弹壳也不同

弹壳存在各种各样的形状，大致分为以下几类。

① 凸缘式弹壳。凸缘式弹壳的底部呈圆板状，发射后很容易被抛出，多被用于转轮手枪和霰弹枪，代表作有45LC手枪弹和三八特种子弹（38 SPECIAL）。

② 凸缘间缩式弹壳。在发射时，弹壳内的发射药燃烧，内部压力增大，会造成弹壳的膨胀，使得弹壳紧贴药室，如果弹壳前端不缩小的话，极易使弹壳卡在药室内，抛不出去。霰弹枪使用的黄铜弹壳大都是这一样式。此外，纳甘7.62mm转轮手枪弹和500 Nitro Express步枪弹的弹壳也都是凸缘间缩式。

③ 凸缘瓶颈式弹壳。此款弹壳能容纳比普通的凸缘式弹壳更多的火药。英军在第二次世界大战中使用的303步枪弹（303 British），以及俄军从日俄战争到现在一直都在使用的7.62mm机枪弹都是这一样式。

④ 无缘式弹壳。此款弹壳的底部直径和弹壳直径相同。凸缘式弹壳在装入自动步枪的弹匣时，底部的凸缘会造成阻碍，非常不方便，所以就在弹壳的下部直接压出退壳沟，子弹的底部自然就形成一圈凸缘。45自动手枪弹就是此类型子弹的代表作。

⑤ 无缘间缩式弹壳。9mm卢格手枪弹（9mm Luger）和30卡宾枪弹（30 Carbine）使用的都是这种弹壳。

⑥ 无缘瓶颈式弹壳。现在使用的步枪弹大都是这一类型。30-06步枪弹和308温彻斯特步枪弹是此类子弹的代表作。

第3章 弹 药

①凸缘式弹壳

②凸缘间缩式弹壳

③凸缘瓶颈式弹壳

④无缘式弹壳

⑤无缘间缩式弹壳

⑥无缘瓶颈式弹壳

3-10 弹壳的形状（2）
大威力子弹大都是带式弹壳

⑦ 半缘式弹壳。半缘式弹壳的外形和无缘式弹壳有些相似，只是底缘稍微凸出一点而已。32自动步枪弹和38 super手枪弹的弹壳都是这一样式。

⑧ 半缘瓶颈式弹壳。半缘瓶颈式弹壳的外形和无缘瓶颈式弹壳有些相似，只是底缘稍微凸出一点而已。旧日军使用的38式步枪的6.5mm步枪弹和7.7mm92式重机枪弹的弹壳都是这一样式。

⑨ 缩缘式弹壳。此款弹壳的底部直径比弹壳直径小，所以称为缩缘式。此款弹壳在实战中用得并不多，41 Action Express手枪弹是其中的代表作。

⑩ 缩缘瓶颈式弹壳。此款弹壳在实战中用得也不多。248温彻斯特步枪和厄利空（Oelikon）20mm机关炮用的子弹的弹壳都是这一样式。

⑪ 带式弹壳。此款弹壳在退壳沟前方的弹壳上另有一带状环，因此称作带式弹壳。458温彻斯特步枪弹和458 American步枪弹等大威力子弹用的都是这一样式。

⑫ 带式瓶颈式弹壳。高速大威力子弹大都使用这一样式，7mm雷明顿马格纳姆大威力子弹和300 weatherby子弹是其中的代表作。不过，带式瓶颈式弹壳在实战中用得并不多，芬兰的拉蒂20mm穿甲弹和德国的20mm机关炮子弹是其中的两个特例。带式弹壳在设计的时候只注重了威力的强劲，其实弹壳的强度并不高，所以现在的大威力子弹基本上都不再使用这一样式了。

第3章　弹药

⑦半缘式弹壳　　　　　　⑧半缘瓶颈式弹壳

⑨缩缘式弹壳　　　　　　⑩缩缘瓶颈式弹壳

⑪带式弹壳　　　　　　⑫带式瓶颈式弹壳

⑦　⑧　⑨　⑩　⑪　⑫

3-11 弹头的形状（1）
弹头具有多种形状

在远距离射击时，要尽可能选择图①所示的那种尖头弹，可以有效地减低空气阻力。在尖头弹中还有一种头部特别尖锐的子弹，我们通常称其为"尖锐弹"。虽然尖头弹在远距离射击的时候非常有利，但是由于它弹头细长，导致整个子弹以及弹仓和枪栓也都相应变长，枪身的重量自然也就增加了。

相同重量的弹头，如果不是远距离射击，还是选择图②那样的圆头弹或者图③那样的半尖头弹为好。这两款弹头有一个共同点，那就是短粗，给枪支造成的后坐力较小，而且命中精度也更为优良。现在手枪使用的基本都是圆头弹。

图④所示的是平头弹。平头弹的前端是平的，受到的空气阻力较大，但它在装入筒状弹仓的时候会更为安全。如果将尖头弹装入筒状弹仓，前端的尖头会触发前方子弹的火帽，进而引发爆炸，这是非常危险的。如果换成平头弹，就完全不存在这方面的问题了。而且，在近距离射击的时候，平头弹的弹道也更为稳定，命中精度一点也不差。

此外，尖头弹在碰到金属等坚硬目标时，极易发生偏斜，变成流弹，而平头弹则可以直接射入目标内，不会受障碍物的反射而发生偏转。尖头弹在射向水面的时候，要么会发生跳转，要么会急速下沉，并不能直线前进，而平头弹则可以在水中直线前进。鉴于以上原因，机关炮使用的子弹和舰船使用的炮弹都是平头弹。

第3章 弹 药

① 尖头弹

② 圆头弹

③ 半尖头弹

④ 平头弹

各种各样的弹头形状

3-12 弹头的形状（2）
冲孔型弹头和艇尾型弹头等

图⑤所示的是冲孔型弹头，一般用于射击比赛。圆头弹在穿过目标的时候，会造成弹孔周边的靶纸外翻，难以确定弹头的中靶点，而冲孔型弹头则不存在这一问题，它在穿过靶纸时形成的弹孔和自身的横切面一致，因此计算分数时也更为准确。

弹头在高速飞行过程中，在弹头的底部会形成一个真空区域，对弹头产生后拉力，造成弹头减速。图⑥所示的艇尾型弹头则很好地解决了这一问题。此款弹头的尾部呈锥缩状，气流在流到底部的时候会向内收缩，避免了底部真空状态的产生，确保弹头能够飞得更远。

不过，如果不是远距离射击的话，完全没有必要使用艇尾型弹头，使用图⑦所示的平底弹或者图⑧所示的空底弹已经足矣。空底弹的底部向内凹陷，在发射的时候，弹壳内发射药燃烧产生的巨大气压会使得弹头底部外缘向外扩张，使得弹头紧贴枪膛，从而提高了子弹的命中精度。

图⑨所示的是沟槽型弹头。此款弹头的后部有一圈沟槽，可以将弹头和弹壳紧密咬合。通常情况下，如果没有这圈沟槽，弹壳和弹头也可以紧密咬合，不过在战场上疯狂射击时，尤其是在使用机枪时，如果没有这圈沟槽，说不定就会出现弹头和弹壳脱离的现象。此外，在筒状弹仓中，发射子弹时产生的后坐力会使前方子弹的弹底碰撞后方子弹的弹头，有时候甚至会出现将后方子弹的弹头撞入弹壳内的情况，而沟槽型弹头由于卡得比较紧，则可以有效地避免这一情况的发生。

第3章 弹 药

⑤冲孔型弹头　　　　　　　　　⑥艇尾型弹头

锥缩式艇尾

⑦平底弹　　　　　　　　　　　⑧空底弹

底部平整　　　　　　　　　　　底部凹陷

⑨沟槽型弹头

环状沟槽

3-13 弹头的材质
内为铅芯,外包铜皮

在西南战争(1877年)中,使用的都是将铅熔化之后直接铸造成型的铸型子弹。在中日甲午战争之后,无烟火药得到普及,子弹的速度大为提升。速度一快,铸型子弹的铅就容易受摩擦而留在枪管内,影响枪的效能,再加上铸型子弹在受到猛烈冲击时易碎,有时候连一层薄板都穿不过,所以就在铅的外侧包上一层铜皮来增强弹头的强度。

现在的军用子弹的弹头主体是铅芯,外侧包着铜皮。一直到前端都包有铜皮的子弹称为"全金属包覆弹"。纯铅比较软,为了增加硬度,在其中添加了极少量的锑,所以铅芯其实是一种铅锑合金。外侧的铜皮是一种铜锌合金,铜占90%～95%,锌占5%～10%,呈黄铜色。在以前,日军的38式步枪使用的6.5mm步枪弹的弹头外皮是铜镍合金,所以呈现银白色。不过,6.5mm步枪弹的有些弹头也使用铜锌合金,所以也有黄铜色的弹头存在。

在第二次世界大战中,德军和苏军使用的很多弹头的外侧包的不是铜皮,而是铁皮,因此特别容易锈蚀。为了防止弹头生锈,会对其进行涂漆处理、磷酸盐处理或者镀铜处理。

如果在弹头上涂上特氟龙涂层,会降低弹头与枪膛的摩擦,提高弹丸的速度,增强贯穿力,而且还可以延长枪膛的使用寿命,但是有个缺点,就是成本太高,所以一直没有得到普及。不过,在弹头涂上二硫化钼涂层的做法最近逐渐得以普及。在美国,有些铅质手枪弹的外侧会包有一层尼龙,这主要是为了防止室内射击场的铅污染。

第3章 弹 药

将铅熔化之后直接铸造成型的铸型子弹

包有铜合金外皮的现代子弹

以前日军使用的子弹,由于弹头的外皮使用的是铜镍合金,所以呈银白色

中国军队使用的子弹,对铁质外皮进行了镀铜处理

3-14 弹头的结构（1）
全金属包覆弹和软头弹

最初的子弹都是球形的，因此在英语中，军用子弹称作"ball"。当然了，现在的子弹已经不再是球形了，如果还将"ball cartridge"和"ball bullet"翻译成球形子弹的话，那就不准确了。

现在的军用子弹的弹头大多如图①所示，内部是铅芯，外侧包着铜、铁或者其他合金，但是底部不会包裹任何金属。虽然没有全包起来，但还是称作全金属包覆弹。

图②所示的猎用子弹的弹头，称为软头弹。此种弹头和军用子弹的弹头不同，底部包覆着金属皮，而前端裸露出铅芯。当弹头击入动物体内时，会如图③所示，变成蘑菇状，甚至会碎片化，杀伤力要比全金属包覆弹大得多。所以说，当人被猎枪击中时，受伤会更为严重。此种子弹俗称为"炸子"或"开花弹"，学名叫做扩张弹。

军用扩张弹也称为"达姆弹"。据说此种子弹是英国在其殖民地印度的达姆兵工厂生产的，因此称作达姆弹。现在，《国际法》已经严禁在战争中使用达姆弹。

第3章　弹　药

① 全金属包覆弹

② 软头弹

③击中物体后，头部发生扩张的软头弹

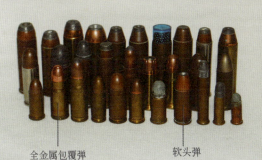

全金属包覆弹　　　软头弹

军用子弹的弹头多为全金属包覆弹，猎用子弹的弹头多为软头弹

3-15 弹头的结构（2）
猎用子弹的弹头结构

达姆弹在战争中造成的伤亡太大，对交战双方都没有好处，所以最终被《国际法》所禁止。但是狩猎时就不同了，扩张弹可以让猎物中弹后立即死亡，这是射手最想看到的结果。如果猎物仅是受伤，那它依然可以逃走，要是逃到某处再死的话，那和没打中也没什么两样。

对扩张弹来说，速度越快，威力越大，当弹头的速度达到 600～700m/s 时，弹头射入目标后基本可以实现粉碎化。因此，当射击大型猎物的时候，必须使用扩张弹。当然了，为了防止弹头还没进入动物体内就粉碎在猎物的表皮上，就需要根据不同的情况对弹头做一些处理。

图④所示的是分区子弹（partition），即使前半部变得粉碎，后半部也可以保持完好。图⑤所示的是银头弹（silver tip），在软头弹的前端包了一块薄铝皮，这样可以减低弹头的扩张效果。由于包了铝皮，弹头的顶部呈银白色，因此得名银头弹。

相反，如果弹头的速度过低的话，扩张弹就难以达到效果，为了让弹头充分扩张，就需要对弹头做一些处理。如图⑥所示，可以在弹头的顶部挖一个凹穴，弹速越慢，所需要的凹穴越大。手枪用的扩张弹基本如图⑦所示的那样，前端的凹穴已经变得非常大了。我们习惯上称这种前端有凹穴的弹头为"弹尖中空型弹"（hollow point）。

此外，有些猎枪子弹也会使用全金属的弹头，主要用于射击大象或者野牛等大型动物的头盖骨等。

第3章 弹药

④ 分区弹头

⑤ 银头弹

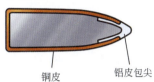

铜皮　　铝皮包尖

⑥ 弹尖中空型弹头

⑦ 低速弹使用的具有较大凹穴的弹头

从左向右分别是：猎用全金属包覆弹、银头弹、软头弹、弹尖中空型弹、弹头具有较大凹穴的手枪弹

3-16 弹头的结构（3）
军用子弹的弹头结构

图①所示的是美国M16突击步枪和日本自卫队89式步枪所使用的5.56mm普通军用弹。同7.62mm的子弹相比，该款子弹的体积较小，贯穿力较弱。为了弥补这一缺点，就将弹头的前半部分换成了铁芯，借此提高弹头的硬度。再加上军用弹消耗量都比较大，而铅又比铁贵得多，所以用铁芯来代替部分铅芯，也可以降低成本。但是，这样一来，弹头的重量就变轻了，为了减弱空气阻力，特意将弹头设计成了流线型。

图②所示的是俄罗斯的5.45mm普通军用弹。它的前端是铅芯，后端是铁芯。

图③所示的是穿甲弹。因为要穿透装甲车的钢板，所以在铅芯内部又放置了坚硬的钨合金弹芯。

图④所示的是曳光弹。曳光弹的弹头底部装有硝酸锶等能发出亮光的曳光剂，在弹头飞行时，曳光剂也同时燃烧，从而可以判明弹头的弹道轨迹。

图⑤所示的是燃烧弹。燃烧弹的内部装有黄磷，在击中目标后，黄磷散出，接触到空气就会猛烈燃烧。

图⑥所示的是爆炸燃烧弹，子弹击中目标后，受惯性作用，弹头内部的击铁撞击前面的火帽，引起弹头爆炸，黄磷迸射出来，能在更大的范围内燃烧。在第二次世界大战中，德国最早研发出此类子弹，后来各国也都有仿制。不过，人们觉得在一枚小小的弹头内要设计这么多机关，不太实用，所以现在基本被淘汰了。

第3章 弾 薬

①装有铁芯的军用弹　　②装有铁芯的军用弹
　（前端装有铁芯）　　　（后端装有铁芯）

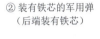

　　　　　　　　　　　　　　曳光剂

③穿甲弹　　　　　　　　④曳光弹

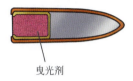

　　　　　黄磷　　　　击铁　火帽　黄磷

⑤燃烧弹　　　　　　　　⑥爆炸燃烧弹

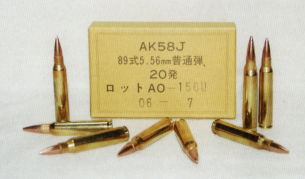

5.56mm的普通军用弹，弹头前端被植入铁芯

3-17 空包弹与模拟弹
自动枪支在射击空包弹时需要安装空包弹退助器

空包弹通常被用于军事训练或者用枪声吓走鸟兽的时候。当然了,空包弹发射药的燃烧速度和真子弹完全不同,但是发射时产生的压力和后坐力却非常小。因此,机枪等自动枪支在射击空包弹的时候,只能单发,并不能连续射击。为了实现连续射击,就需要给其安装一个空包弹助推器,缩小枪口的口径,以此来增加枪膛内的气压并推动内部机构的运转。

空包弹不需要弹头,但总需要一个东西给盖一下,于是木弹头就诞生了。在第二次世界大战中,日本和欧洲各国经常使用木弹头,但是在射击的时候,木弹头还是会飞出去数十米远,被击中的话也很危险,因此这种木弹头后来基本不再用了。

在右下图中,图①是带有纸弹头的前日军的空包弹,图②是将弹壳顶部压成星状的美军空包弹,图③是将弹壳延长,使其和真子弹具有相同长度的日本自卫队的空包弹。

模拟弹的形状和真子弹完全相同,只是弹壳内不装入火药而已。为了区分模拟弹和真子弹,通常会在弹身上做一些标志。例如,图④所示的模拟弹会在弹身上钻一个孔,图⑤所示的俄军的5.45mm模拟弹会在弹身上压一道凹槽,图⑥所示的是空发练习用的模拟弹。在空发练习时,如果枪内没有子弹,那么对撞针的损害要比射击真子弹还要大。至于损害程度究竟有多大,与枪的种类有关,不同的枪型,造成的损害程度也不同。为了避免这种损害,就需要在空发练习时使用图⑥所示的塑料模拟弹。

第3章 弹药

自动枪支在发射空包弹时，如果枪口不安装一个空包弹助推器，就不会连续自动射击

① 以前日军使用的带有纸弹头的空包弹
② 美军使用的将弹壳顶部压成星状的空包弹
③ 日本自卫队使用的将弹壳延长到真子弹长度的空包弹
④ 弹壳钻有孔洞的模拟弹
⑤ 俄军使用的压有凹槽的模拟弹
⑥ 空发练习时使用的塑料模拟弹

3-18 口径的表示方法
"口径45"指的是多少？

在美国西部片中经常出现的柯尔特转轮手枪的口径是45。在战争片中经常出现的M2勃朗宁重机枪的口径是50。其中的数字指的是百分之几英寸，口径45就是45%in，即11.4mm，口径50对应的是12.7mm，口径30对应的是7.62mm。然而，300霍兰德马格纳姆步枪弹和338温彻斯特马格纳姆步枪弹的前面的数字指的是千分之几英寸。

至于何种子弹用千分之几英寸来表示，何种子弹又用百分之几英寸来表示，并没有明确的规定，不过马格纳姆系列的子弹倾向于用千分之几英寸来表示。

一般情况下，口径指的是枪膛内对称的阳线之间的距离，不过有些枪支的口径也会用对称的阴线之间的距离来表示，例如308温彻斯特步枪和8mm毛瑟枪等。

在火绳枪时代，由于都是前装式，所以只要弹丸的直径相同，在任何枪上都可以使用。但是，现在的枪支使用的是金属子弹，即使口径相同，如果弹壳尺寸不同的话，也不能互换使用。如右图所示，口径0.3in，即7.62mm的子弹就有很多种类。

如果只知道枪的口径，而不知道它所使用的子弹的话，我们还是无法判断一把枪的威力。因此，子弹的名称非常重要。

第3章 弹 药

7.62mm（0.3in）的各种子弹

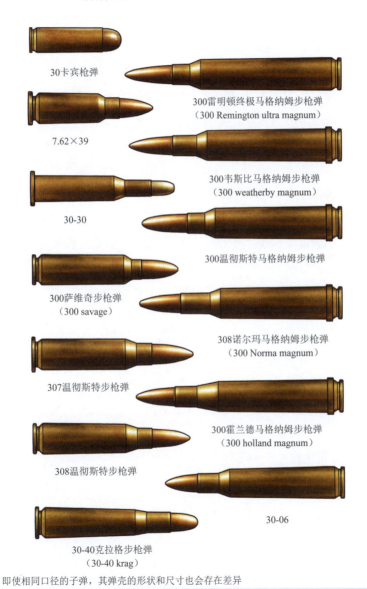

即使相同口径的子弹，其弹壳的形状和尺寸也会存在差异

3-19 什么是马格纳姆弹
马格纳姆弹也有小型弹

在英语中，马格纳姆（magnum）的原意是"大酒瓶"。后来，我们将相同口径下，具有更大威力的子弹称为"马格纳姆弹"。如果之前没有该口径的子弹，那么新造出的子弹即使威力再大，也不能称其为马格纳姆弹。

例如，22温彻斯特马格纳姆缘火式子弹（22 Winchester magnum rim fire），正是因为之前有一款22 long rifle子弹，所以后来生产出的具有更大威力的同口径子弹才会被冠以马格纳姆的称号。虽然被称为马格纳姆弹，但22的口径和38或者45的口径相比，子弹还是小得多，所以一些被称为马格纳姆弹的子弹并不一定具有很大的威力。

有一款357马格纳姆弹，其实这是在38 special弹的基础上，将其弹壳延长，装入更多火药后形成的。38 special弹的直径并不是0.38in，而是0.357in。因此在38 special弹基础上形成的马格纳姆弹，并没有被称作38马格纳姆弹，而是恢复到它最初的口径，称为357马格纳姆弹。

458温彻斯特马格纳姆弹和460韦斯比马格纳姆弹都没有相对应的口径为458和460的小威力子弹。其实，458温彻斯特马格纳姆弹和460韦斯比马格纳姆弹的口径是45，它们所对应的是口径为45的45-70子弹。

第3章 弹药

普通弹和马格纳姆弹的区别

22 long rifle

|← 15.5mm →|

22温彻斯特马格纳姆缘火式子弹
(22 Winchester magnum rim fire)

|← 26.6mm →|

222雷明顿步枪弹(222 Remington)

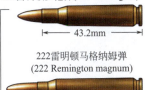

|← 43.2mm →|

222雷明顿马格纳姆弹
(222 Remington magnum)

|← 47.0mm →|

308温彻斯特步枪弹(308 Winchester)

|← 51.1mm →|

308诺尔玛马格纳姆步枪弹
(308 Norma magnum)

|← 65.0mm →|

38 special弹

|← 29.3mm →|

357马格纳姆弹

|← 32.8mm →|

44 special弹

|← 29.5mm →|

44马格纳姆弹

|← 32.6mm →|

45-70

|← 53.5mm →|

458温彻斯特马格纳姆弹
(458 Winchester magnum)

|← 63.5mm →|

460韦斯比马格纳姆弹
(460 weatherby magnum)

|← 74.0mm →|

马格纳姆弹其实就是相同口径的普通弹的强化版

COLUMN-03

欧式口径表示方法

美国惯于用英寸表示口径，而欧洲则惯于用毫米表示口径。仅有口径还无法判明子弹的种类，因此欧洲采用的大都是口径乘以长度的表示方法。例如，"7.62×51"中的7.62指的是子弹的口径，而51指的是子弹的长度。

"7.62×51"子弹在美国被称为"308温彻斯特步枪弹"或者"7.62mmNATO步枪弹"。同样的道理，"5.56mmNATO步枪弹"的长度因为是45mm，因此在欧洲被称作"5.56×45"子弹。俄罗斯的AK-47使用的自动步枪弹的长度为39mm，所以称为"7.62×39"子弹。俄罗斯的机枪弹的尺寸是"7.62×54R"，其中的"R"指的是凸缘式子弹。此外，英军在第二次世界大战中使用的"303 British子弹"也是凸缘式子弹，因此表示为"7.7×57R"。

手枪弹也是同样的表示方法，"9mm鲁格手枪弹（9mm Luger）"和"9mm巴拉贝鲁姆手枪弹（9mm parabellum）"的表示方法为"9×19"。俄罗斯的"9mm马卡洛夫手枪弹（9mm makarov）"的表示方法为"9×18"。

虽然欧洲研发的子弹大多会用毫米来表示，但是有一些子弹也会用英寸来表示。例如，308诺尔玛马格纳姆弹（308 Norma magnum）和338拉普娅马格纳姆弹（338 Lapua magnum），它们都是狩猎大型动物时使用的子弹。因为加拿大和美国阿拉斯加的猎人使用比较多，所以特意用北美人的惯用单位来表示。同样的道理，美国生产的一些子弹也会用毫米来表示，例如"7mm雷明顿马格纳姆弹"和"10mm Auto手枪弹"等。

第4章

手枪和冲锋枪

4-01 转轮手枪的装填方式
掘把式、外摆式……

转轮手枪有五发的、六发的、七发的和八发的等,装弹量越多,子弹轮就越大。当枪体太大之后,使用起来会很不方便,因此,标准的转轮手枪大都是六发子弹。当转轮手枪射完六发子弹之后,需要先将子弹轮内的六枚弹壳退出来,然后再装入新的子弹。

转轮手枪的装填方式有很多种。美国西部片中经常出现的柯尔特转轮手枪在装弹时,需要将装弹口盖打开,先抠出一枚弹壳,然后才能装入一枚新子弹,再将子弹轮转动一个位置,接着重复以上的动作,直到将一圈子弹轮全部装满为止。整个过程下来,需要耗费不少时间。

此外,有的转轮手枪是将枪把折下来的"掘把式",还有是将子弹轮甩到一边的"外摆式"。日军在日俄战争中使用的26年式转轮手枪和英军使用的恩菲尔德转轮手枪都是掘把式,当把枪把拆开以后,所有的弹壳都可以倒出来。不过现在的转轮手枪大多是外摆式,子弹轮的中心有一个轴,只要按一下轴,子弹轮内的弹壳就可以全部退出来了。

在装弹的时候,如果一枚枚地去装,那实在是太麻烦了,于是人们发明了快速装弹器。快速装弹器的外形和子弹轮有些相似,先将六枚子弹装入快速装弹器内,然后将快速装弹器放入子弹轮的后方,只要轻轻一顶,六枚子弹就全部进入子弹轮里面了。但是,这有一个要求,那就是快速装弹器的尺寸必须和子弹轮一致。此外,还可以使用半月型弹夹,每个半月型弹夹可以夹三发子弹,只要用两个半月型弹夹就可以完成转轮手枪的一次装弹。

第4章　手枪和冲锋枪

柯尔特转轮手枪需要将装弹口盖打开，转动一个位置，装入一发子弹

将子弹轮横向甩出，然后按下中心的轴，子弹轮内的六枚弹壳就可以全部退出了

4-02 转轮手枪的操作方式
单动型和双动型

初期的转轮手枪，即美国西部片中经常出现的柯尔特转轮手枪等都是单动型转轮手枪，需要打一发子弹，压一下击锤。对手大的人来说，一只手就可以操作，但对手小的人来说，就不是那么方便了，只能一只手扣扳机，另一只手压击锤了。

在美国的西部片中，我们经常可以看到这样的镜头，左手掌心压下击锤，右手扣动扳机，不断重复这一动作，就可以实现连续快速射击。但是，这样一来，就没法瞄准了，因此只有在近距离连射的时候才会这样做。

后来，人们又发明了双动型转轮手枪，当扣动扳机时，击锤同时后张，当将扳机扣到最大位置时，击锤快速弹回。仅需要扣动扳机就可以实现射击。但是，双动型转轮手枪在扣动扳机的时候，既需要带动击锤，又需要带动子弹轮转一格，所以需要的力量就相对较大，而且扳机的扣动距离也相对较长。当瞄准目标之后，用力扣动扳机，会引起枪身的剧烈抖动，所以命中精度并不高。在使用双动型转轮手枪的时候，如果时间充裕，还是先用手压下击锤，像单动型转轮手枪那样射击比较好；如果情况紧迫，那就只好用力扣动扳机，连续射击了。

现在的转轮手枪，要么是单动型，要么是双动型，不过自我防身用的转轮手枪还是以双动型为主。

第4章 手枪和冲锋枪

最初的转轮手枪都是单动型，每发一枚子弹都需要压一次击锤

现在的转轮手枪大多是双动型，扣动扳机就可以带动击锤运动

4-03 自动手枪
自动手枪的上膛方式

自动手枪是指可以自动装填，单发射击，用弹夹供弹，有空夹挂机装置的手枪。虽然双动型转轮手枪也可以连续射出六七发子弹，但其并不是自动手枪。

转轮手枪在射完所有子弹以后，需要将子弹轮甩出，然后倒出子弹壳，再一个药室一个药室地装入子弹，这所有的过程都得用手操作，因此它不是自动手枪。自动手枪在发射完一发子弹之后，弹壳可以自动抛出，而且子弹可以自动送入药室。

以右侧上图为例，我们来看一下自动手枪的操作步骤。首先需要用手将子弹装入弹夹，然后将弹夹装入握把。

① 将套筒向后拉开，同时压下击锤。

② 松手后，套筒在弹簧的作用下恢复原位。同时，一枚子弹从弹夹进入药室。

③ 扣动扳机，击锤释放，子弹发射。

④ 子弹发射时产生的反作用力将套筒弹回，弹壳从套筒的缺口部位抛出。

然后，套筒在弹簧的作用下再次恢复原位，带动下一发子弹从弹夹进入药室。自动手枪在射击的时候，只需要在射第一发子弹时拉动套筒，之后就可以利用射击产生的反作用力来完成抛壳和上膛的全过程。

第4章 手枪和冲锋枪

① 将套筒向后拉开,同时压下击锤

② 松手后,套筒在弹簧的作用下恢复原位。同时,一枚子弹从弹夹进入药室

③ 扣动扳机,击锤释放,子弹发射

④ 子弹发射时产生的反作用力将套筒弹回,弹壳从套筒的缺口部位抛出

自动手枪中享有盛誉的美国柯尔特M1911手枪

4-04 双动型自动手枪
双动型自动手枪让射击变得更迅速

　　自动手枪在发射第一发子弹时，必须用手向后拉开套筒，这时如果敌人碰巧使用转轮手枪，那可就麻烦了。转轮手枪直接可以射击，如果你还要先后拉套筒，那显然在时间上敌不过对方。

　　有人可能会觉得，我先后拉套筒让子弹上膛，然后让击锤保持压开状态，再给其加个安全装置，这总行了吧？其实不管你加什么样的安全装置，如果击锤张着的话，那还是有些让人看着发慌。

　　那我先用手抓住击锤，然后扣动扳机，用手将击锤慢慢地放回，等遇见敌人的时候，我再用手将击锤压下，这总可以了吧？非常遗憾地告诉你，这样还是要比转轮手枪慢，要是敌人恰巧使用的是转轮手枪，那你又死定了。

　　后来，双动型自动手枪被发明出来，只要扣动扳机，就可以射击，这样射击的速度就大大提高了。

　　电影《007》中詹姆斯·邦德使用的华尔瑟PPK手枪，以及动漫《鲁邦三世》中主人公使用的华尔瑟P-38手枪是双动型自动手枪中的代表作。现在，日本自卫队使用的9mm SIG-P200自动手枪以及世界各国使用的军用手枪几乎全部都是双动型。

　　双动型自动手枪大都有保险钮，只要按下保险钮，击锤就不会被释放，枪支的安全性能大为提高。

第4章　手枪和冲锋枪

德军在第二次世界大战中率先装备的华尔瑟P-38双动型自动手枪

现在大部分国家的军用手枪都是双动型，图中为日本自卫队配备的9mm SIG-P200自动手枪

4-05 转轮手枪与自动手枪
长处与短处

　　双动型转轮手枪只要扣动扳机，就可以连续射出六七发子弹，但是扣动扳机时需要的力度较大，所以命中精度并不高。在这一点上，自动手枪存在优势，只要轻轻扣动扳机，就可以实现射击。在近距离防身，尤其是离敌人仅有两三米时，根本不需要考虑命中精度，所以使用转轮手枪或者自动手枪，其实并没有什么区别。

　　转轮手枪的药室有六七个，手动装弹，所以出现故障的概率很低。但是，自动手枪就不一样了，自动手枪需要拉动套筒来上膛，在这一过程中极易发生故障。在出现哑弹时，转轮手枪只需要再扣动一下扳机（单动型转轮手枪需要重新压下击锤），就会转到下一个药室，而自动手枪则需要用手拉开套筒，将哑弹取出，才能将下一枚子弹送入药室。

　　在战争中，需要射击大量子弹时，自动手枪最合适。但是，在近距离射击，需要一发子弹定胜负的时候，还是转轮手枪值得信赖。尤其是泥沙比较多的场合，转轮手枪的可信赖度是最高的。此外，转轮手枪还可以隐藏在包中或者口袋中突然连续射击。如果是自动手枪的话，只能射出第一发子弹，第二发子弹就失灵了。这主要是因为：自动手枪在射出第一发子弹后，受反作用力的影响，套筒会自动后退，从而完成抛壳动作，如果装在包中或者口袋中的话，由于受到阻碍，弹壳根本抛不出去，自然也就谈不上下一发子弹的上膛了。

　　对转轮手枪来说，容弹量决定了子弹轮的大小。如果容弹量过多的话，子弹轮就会变得非常大，而且枪也会变得非常笨重。一般来说，五发子弹是最合适的，如果多了的话，那就会比自动手枪还要重。当然了，这也得看枪型，不能一概而论。

第4章 手枪和冲锋枪

转轮手枪在近距离瞬间快速射击时最为有利,图为S&W-M649转轮手枪

由于转轮手枪的威力巨大,所以越来越多的军队开始配备转轮手枪。图为世界上威力最大的手枪——S&W-M500转轮手枪

4-06 手枪的命中精度
命中精度受多种因素的影响

自选手枪射击是奥运会的一个比赛项目，十环枪靶的直径为10cm。对于训练有素的选手来说，在50m的距离上，基本都可以上靶。当然了，如果想拿到奖牌的话，那还得尽可能多地击中靶心。

自选手枪射击的比赛用枪是特制的单发手枪，使用22 rim fire子弹，发射药的药量很少，所以即使射得再准，也不可能用于实战。

对于有经验的射手来说，在25m的距离上，持实战手枪命中直径为30cm的枪靶应该没多大问题，但是对普通人来说，要想上靶那就真是太难了。在旧时的战争中，要是一名射手能够在100m的距离上击中敌人，那就可以称作是"神枪手"了。

如果在射击时，用手持枪，并将手靠在沙袋上，那么在25m的距离上，基本能够命中直径为10cm的枪靶。如果射击时，不用手持枪，而是将枪固定在器械上，则可以命中直径为5cm的枪靶。以上都是假设的最理想的状态，在真正向敌人射击时，射手极易受到各种因素的影响，在25m的距离上是很难击中目标的。

有人可能会觉得，枪身越长，命中精度越高，其实不是那么回事。当然了，枪身长的话，准星和照门的距离会拉大，这样便于校正瞄准的误差，提高命中精度。不过，如果使用瞄准镜的话，枪身长的枪支的命中精度未必一定会高。

第4章 手枪和冲锋枪

某射手在10m的距离上，用三种手枪射击的结果

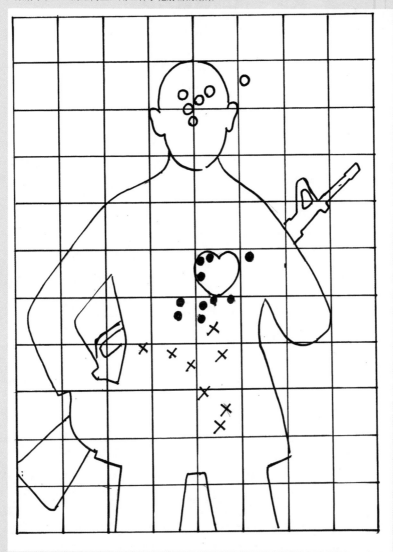

"○"是S＆W-M685，"●"是SIG-P226，"×"是华尔瑟P-38。射手有射击经验，并且是头一次使用这三种枪。如果对每种枪都经过一定练习的话，成绩肯定还会好一些。各位读者朋友要是练上几十发子弹的话，基本也能打出这样的成绩

4-07 自动手枪的作业方式
气体回冲式和管退式

气体回冲式自动手枪是指在发射子弹时，发射药燃烧产生强大的气压，推动弹壳向后运动，从而带动套筒一起向后运动的自动手枪。气体回冲式自动手枪的枪管是固定的，不随套筒一起运动。

在使用小威力子弹，即发射药的药量较少的子弹时，气体回冲式自动手枪在安全方面不存在任何问题。22 rim fire 子弹毫无疑问可以被用于气体回冲式自动手枪。此外，与华尔瑟 PPK 手枪使用的 32APC 子弹（7.65×17 子弹，弹头为 4.73g，发射药为 0.16g）类似的子弹也可以被用于气体回冲式自动手枪。

但是，现在世界上大部分国家使用的军用手枪弹都是 9×19 子弹，也称为 9mm 鲁格弹，弹头为 7.45g，发射药为 0.42g。如果将此款子弹用于气体回冲式自动手枪，由于发射药的药量太大，在枪管中产生的气压过高，极有可能会将套筒冲出，造成危险。

为了解决以上问题，短后坐力式自动手枪被发明出来。管退式自动手枪的套筒和枪管咬合在一起，弹头射出的一瞬间，套筒和枪管同时后退，当枪管内的压力下降以后，枪管才和套筒分离。所有的大型手枪几乎都会使用这一作业方式。此外，套筒和枪管咬合的方式也是多种多样。

在作业方式上，冲锋枪和手枪不同，冲锋枪的枪机（类似于套筒的作用）要比手枪的套筒重好几倍，其重量可以有效地减缓弹壳的后冲速度，即使是使用 9×19 子弹或者其他的大威力军用弹也没有关系，所以大多数冲锋枪都是气体回冲式。

第4章　手枪和冲锋枪

气体回冲式
枪管是固定式。发射药在燃烧时产生的巨大气压推动弹壳后退，从而也带动套筒一起后退

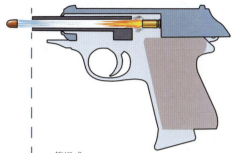

管退式
枪管和套筒咬合。弹头在飞出枪管之前，受发射药燃烧产生的压力的影响，枪管和套筒一起后退

在弹头飞出枪管以后，枪管内压力下降，枪管和套筒分离。枪管和套筒的咬合方式多种多样，图中所示的红色箭头是枪管的旋转方向，通过旋转，枪管和套筒分离

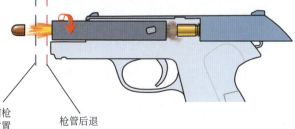

发射前枪管的位置

枪管后退的位置

115

4-08 冲锋枪的击发方式
扣动扳机就可以实现连续射击

大多数枪支都是在套筒复位的时候,将子弹带入药室,然后扣动扳机,击锤落下敲击击针,击针再冲击火帽,这才能将弹头射出。

但是,冲锋枪并不是如此。大部分冲锋枪没有击锤,仅有一个枪机,起到了击锤的作用。而且,也没有独立的击针,只是在枪机的前端中央部位有一个凸起,可以起到击针的作用。发射前,枪机压缩复进簧,在扳机的阻碍下缩于枪身后端。扣动扳机,复进簧释放,在弹力的作用下,枪机快速向前冲击,并推动一枚子弹进入药室,同时枪机中央的凸起冲击子弹的火帽,子弹内部的发射药燃烧产生巨大的压力,借此将弹头射出。

同步枪相比,冲锋枪的结构要简单得多,便于进行批量生产,而且成本低廉。

冲锋枪使用军用手枪弹,而且是气体回冲式,即枪机和枪身并没有咬合在一起。弹头发射之后,在反作用力的作用下,弹壳向后冲击,从而也带动枪机后退。这时,如果枪机不足够重的话,极有可能被从后端顶出。

因此,冲锋枪的枪机一般都是又大又重,基本上一个枪机就能顶上一把手枪的重量。大家可以设想一下,这么重的大家伙在枪身内部前后运动,枪支的稳定性肯定好不到哪去,更别说精准射击了。所以说,冲锋枪注重的是火力,而不是命中精度。

冲锋枪的击发方式

在扣动扳机之前,枪机缩在枪身的后端。起到击针作用的凸起

枪机

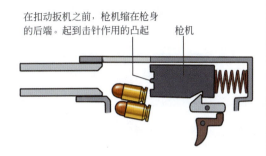

扣动扳机,在复进簧的弹力作用下,枪机快速向前冲击,同时将一枚子弹带入药室

枪机上的凸起撞击子弹的火帽,将弹头发射出去

在反作用力的作用下,枪机后退,同时将弹壳抛出

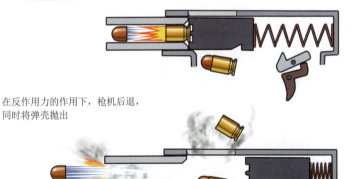

4-09 注重命中精度的MP5
使用手枪弹的迷你步枪

在第二次世界大战中,很多国家的军队都是将步枪和冲锋枪并用。但是,冲锋枪的命中精度低,威力小,再加上射程又短,因此被戏称为"撒弹器"。后来随着突击步枪的普及,冲锋枪逐渐被军队所舍弃,不过警察依然在使用冲锋枪。

突击步枪在近距离射击时,即使使用仅有传统步枪弹一半威力的子弹,也还是能穿透混凝土墙砖。如果警察用突击步枪去射击犯人的话,很容易发生子弹穿透墙壁而误伤墙后平民的情况,所以警察并不适合用突击步枪弹,用威力小一些的手枪弹就已经足够了。

虽然冲锋枪使用的是手枪弹,但由于其命中精度太低,再加上犯人附近往往会有一些无关人员,所以传统的冲锋枪也不适合警察使用。鉴于此,德国赫尔勒&科赫公司生产的MP5冲锋枪登上了历史舞台。

MP5虽被称为冲锋枪,但从其机械结构来看,更应该称作使用手枪弹的迷你步枪。子弹被枪机送入药室之后,就被锁定,扣动扳机,击锤释放,子弹射出。与传统的冲锋枪不同,MP5更注重单发射击时的命中精度。因此,不仅德国军队,日本警察甚至很多国家的特种部队也都在使用。MP5冲锋枪采用的是滚珠闭合系统,而德国的G3步枪使用的也是这一系统。可以看出,MP5冲锋枪其实是将步枪的机械结构用在了冲锋枪上面,所以我才说它更应该称作使用手枪弹的迷你步枪。

第4章 手枪和冲锋枪

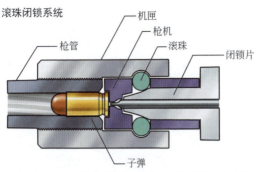

弹头发射之后，在反作用力的作用下，弹壳后退，但由于滚珠被卡在了枪匣的凹槽内，需要较大的力才能使滚珠从凹槽内滚出，并压迫闭锁片后退。这一结构可以有效地减缓弹头在射出枪口之前的枪机的后退速度

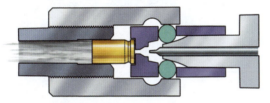

日本机动队旗下的枪械对策部队装备的MP5冲锋枪。照片提供：EPA=时事

119

COLUMN-04

手枪和冲锋枪也进入了小口径高速弹时代

　　传统的手枪弹又粗又短，而且射速也慢。最近新型冲锋枪或手枪使用的小口径高速弹则一改这些缺点，可以轻松穿透防弹背心。

　　比利时研发的使用5.7×28子弹的FN P90冲锋枪和FN5-7手枪，德国的赫尔勒＆科赫公司研发的使用4.6×30子弹的MP7冲锋枪和P46手枪，以及中国研发的使用5.8×22子弹的05式冲锋枪和92式手枪等都属于这一类新型冲锋枪或手枪。

　　由于传统的手枪弹比较重，所以后坐力都非常大，而使用小口径高速弹的新型冲锋枪或手枪则没有那么大的后坐力。

口径5.7mm的FN5-7手枪

第5章

步枪

5-01 栓式步枪
最值得信赖的一类步枪

虽然现代军队中使用的步枪全都换成了自动步枪，但是在射击比赛或者狩猎活动中，栓式步枪还是主流。栓式步枪的命中精度高，而且安全性强，所以说是最值得信赖的一类步枪。在近距离射击时，自动步枪也许还算有利，但是目标在数百米之外时，自动步枪就无能为力了，所以在当今时代，大部分狙击步枪采用的还是栓式结构。

不同栓式步枪的枪栓形态也各不相同，不过大部分枪栓都如右图所示，在圆柱形枪栓上有一个枪栓拉柄，向前推的时候，可以将子弹送入药室。

枪栓推到前端以后，将枪栓拉柄横倒，前端的枪栓锁块会卡入枪管内的锁合凹座。扣动扳机，弹头射出之后，将枪栓拉柄扳起，向后拉开枪栓，枪身内部的退壳器就会将弹壳弹出。

栓式步枪的枪栓很容易被卸下，所以猎人或者射击比赛的选手在持枪行走的时候，大多数人都会将枪栓卸下来，当准备射击的时候再将枪栓安上，这样可以最大程度地保证安全。

在狩猎时，既可以在看到猎物后再拉栓上膛，也可以先将子弹送入药室，枪栓暂不锁死，等看到猎物后再将枪栓拉柄横下，这样就不用担心枪支走火的危险了。

栓式步枪的工作示意图

栓式步枪的枪栓很容易被卸下，这样可以最大程度地保证安全

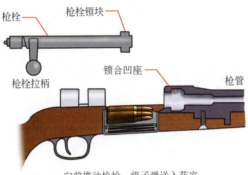

向前推动枪栓，将子弹送入药室

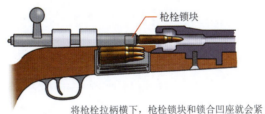

将枪栓拉柄横下，枪栓锁块和锁合凹座就会紧紧地咬合在一起

5-02 自动步枪
在有些狩猎场合，自动步枪会更有利

前文已述，当今时代，狙击步枪几乎全部都是栓式步枪，但是自动步枪依然是近距离作战的首选。此外，有些狩猎场合也会选择自动步枪，但这并不是普遍现象，毕竟自动步枪在上膛的时候会发出较大的声响，容易惊扰到猎物。

为了避免惊扰到猎物，手动上膛的栓式步枪就显示出它的优越性。但是，在采取"守株待兔式"的狩猎方式，即先让自己的同伴或者猎狗将猎物驱赶到自己藏身的位置时，跑过来的猎物可能会是一群，此时如果仍用打一发子弹拉一下栓的栓式步枪的话，那大部分猎物就会逃掉，如果使用自动步枪，那狩猎成果可就大多了。

与栓式步枪相比，自动步枪的结构更为复杂，在使用大威力子弹时，很容易造成枪支超重，所以大部分自动步枪使用的子弹威力并不是很大。但是，如果单纯考虑后坐力的话，在射击大威力子弹的时候，还是自动步枪的小一些。设想一下，如果你拿着一支很重的枪在山林中穿梭，那得有多辛苦啊！所以，两者择其一，自动步枪使用的子弹的威力都不是很大。

在世界上，猎用自动步枪的生产厂家就那么几家，基本都使用30-06子弹。使用大威力马格纳姆弹的猎用自动步枪主要有勃朗宁7mm雷明顿自动步枪和300温彻斯特自动步枪。毕竟在大威力弹方面，那是栓式步枪的领地，自动步枪不占什么优势。

第5章 步枪

猎用自动步枪的代表作——勃朗宁自动步枪"BAR"

5-03 杠杆式步枪
在美国很有人气的一类步枪

杠杆式步枪有一个部件叫扳机杠杆，只需要扳动这个部件，就可以带动枪机前后运动，从而将子弹从弹仓送入药室内。

杠杆式步枪的枪管下方一般会有一个长长的筒状弹仓。前文已述，筒状弹仓内不能装尖头弹，前端的尖头极易触发前面子弹的火帽。此外，从枪支的设计结构来看，杠杆式步枪的威力注定比不过栓式步枪和自动步枪。

虽然杠杆式步枪的上膛速度比栓式步枪快得多，但是在军队中并没有得以普及，这主要是因为士兵在匍匐射击的时候，杠杆式步枪操作起来不方便。

杠杆式步枪在美国的人气很高，我们在很多西部片中都可以看到它的身影，不过在其他国家就很少见了。

在近距离射击野猪时，杠杆式步枪非常好用，所以部分日本猎人也会使用杠杆式步枪。杠杆式步枪使用起来非常轻便，在攀爬陡峭的山崖时，可以一手拿枪，用另一只手抓悬崖上的草皮或树木。

此外，还有一种杠杆式步枪配备的是箱式弹仓，威力更强劲，而且射程更远，但却失去了杠杆式步枪特有的轻便性，导致其更像是自动步枪或者栓式步枪。总之，比起射程和威力，轻便才是杠杆式步枪的最大卖点。

杠杆式步枪的操作方法

①

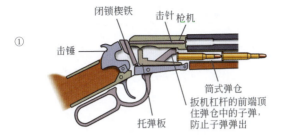

击锤　闭锁楔铁　击针　枪机

托弹板

筒式弹仓

扳机杠杆的前端顶住弹仓中的子弹，防止子弹弹出

② 当压下扳机杠杆的时候，前端翘起，子弹进入托弹板

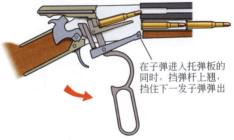

在子弹进入托弹板的同时，挡弹杆上翘，挡住下一发子弹弹出

③

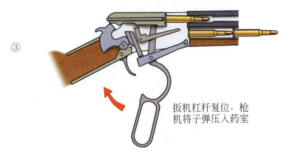

扳机杠杆复位，枪机将子弹压入药室

④ 击锤

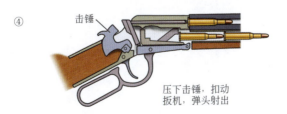

压下击锤，扣动扳机，弹头射出

5-04 膛线的制造方法
从单点钩切法到冷锻法

在1-05中已经介绍过,膛线也称来复线,是指炮管及枪管内呈螺旋状凹凸的线。在美国,步枪被称为"rifle",所以膛线就被称为"rifling"。

一百多年前,加工膛线使用的是单点钩切法,需要工匠们用钩状削刀一条一条地刻出,费时又耗力。后来在第二次世界大战前,人们发明了多点式拉削法,在同一支拉刀上有多组刀模,后面的刀模比前面的要大一点,因此不必换拉刀就可以把膛线切削出来。

在第二次世界大战后,人们又发明出模头挤压法,先将枪管钻一个比膛径稍小的洞,然后用一根上面有跟阴膛线对应凸起的高硬度模头,用高压机器从洞中边转边压下去,将枪管挤出阴线和阳线。可以看出,此种方法制成的膛线并不是削出的,而是压出的。

现在大部分膛线的制造都是使用冷锻法,将枪管钻一个比阴膛直径稍大的洞,将一根和枪管内膛形状相反(阴膛线位置凸起)、贯穿整根枪管的高硬度模杆放在洞中,然后用机器锤打枪管,把枪管挤到紧贴模杆,然后将模杆抽出,模杆凸出的地方所压出的线就变成了阴膛线。用冷锻法制造的膛线没有其他加工方法造成的刀痕,使得枪管寿命较长且有益于精度,不过由于巨额的初期设备投资,仅有少数大型枪管制造厂才能使用这种方法来制造膛线。对于大部分中小企业来说,还是使用模头挤压法更为经济一些。在日本,从64式自动步枪开始,冷锻法被应用于枪管的制造。

膛线的制造方法

单点钩切法

钩状削刀

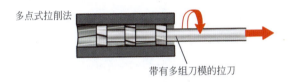

多点式拉削法

带有多组刀模的拉刀

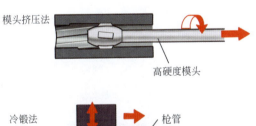

模头挤压法

高硬度模头

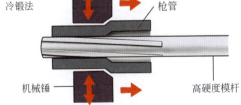

冷锻法

枪管

机械锤

高硬度模杆

5-05 膛线的缠度
弹头越长所需要的缠度越高

膛线按缠角在枪管内缠绕一周所前进的距离长度称为导程。导程对口径的倍数称为缠度。枪支使用子弹的种类决定了其膛线的缠度。

在射击细长的弹头的时候，为了保证稳定性，需要增大弹头在枪膛内的旋转次数，因此所需要的膛线缠度就要相应变小。也就是说，步枪的膛线缠度要比手枪小。

例如，射击短粗弹头的Colt Government手枪的导程是406mm，日本99式步枪的导程是248mm，而使用细长弹头，重视远距离射击的日本38式步枪的导程是229mm。可以看出，在这三种枪中，日本38式步枪的导程是最小的。

美国M16突击步枪最初的导程是305mm，后来因为要提高远距离射击的性能，再加上使用了细长弹头，所以其导程缩短为178mm。

膛线缠度分为两类，一类是不等齐缠度，一类是等齐缠度。不等齐缠度是指膛线靠近药室的部位缠度大，越到枪口部位缠度越小。等齐缠度则是指膛线缠度自始至终都一样。

不等齐缠度的膛线加工起来难度很大，但是命中精度并没有明显提高，此外还会缩短枪管的寿命，所以并没有得到普及。现在世界上大多数枪炮使用的膛线都是等齐缠度。

第5章 步枪

上面那枚子弹是越战中使用的5.56mm的M192子弹，弹头质量3.56g，弹头长19.1mm。下面那枚子弹是现在的5.56mm的M855子弹，弹头质量4g，弹头长23.3mm。M855的弹头要比M192的长，但由于其装入弹壳中的部分更多，所以两枚子弹在外观上看起来完全一样

使用M192子弹的M16A1突击步枪，导程为305mm

使用M855子弹的M16A2突击步枪，导程为178mm

5-06 枪管
振动越小越好

说得通俗一点，枪管其实就是将铁棒钻了一个洞。虽然枪管看起来是笔直的，但是再优良的枪管也会存在微小的误差。在发射子弹时，弹头在火药燃烧产生的巨大压力下，会和膛线紧密咬合。这对枪管来说，就仿佛从内部用铁锤敲击一般，自然会产生一定的振动。

现在，随着制造工艺的进步，枪管的振动幅度越来越小了。在以前，有的枪管的振动幅度能够达到0.5mm。如此剧烈的振动使得枪支在百米之外很难击中直径为10cm的圆形目标。我们在选购枪支的时候，都愿意选择枪管笔直的，但是再笔直的枪管也有一定的曲度，而且很难用仪器测量出来。

为了将枪管的振动降到最小，人们会选择使用厚壁枪管。像狙击步枪或者比赛用枪，大多都是厚壁枪管，虽然比较笨重，但是射击时振动小，比较稳定。

也许有人会觉得枪管越长，命中精度越高，其实完全不是这么回事。当然了，枪管一场，准星和照门之间的距离自然也就变长，这样可以更容易校准出误差。但是，长的枪管在射击的时候，枪管的枪口部位振动得更加厉害，所以命中精度并不会相应提高。对步枪来说，50cm左右的枪管已经足够了。与其增加枪管的长度，还不如增加枪管的厚度来得更实用一些。

不过，如果枪支太重的话，在山林中行走起来会非常不方便。在一些比较重的枪管上，人们会挖一些凹槽，这样既可以降低枪支的重量，也可以抑制枪管的振动。

第5章 步枪

高级猎枪——Weatherby Mark V。枪身外观优美，枪管细长，命中精度极高

价格低廉的雷明顿M700猎枪，枪管粗重，命中精度良好，唯一的缺点是比较笨重

5-07 气动系统
大部分自动步枪都是气动式

在第4章中已经介绍过,在使用威力较小的子弹时,可以选择使用气体回冲式。但是,在使用稍有威力的子弹时,枪身内部就必须有一个能够闭锁枪机的结构,像MP5冲锋枪那样使用滚珠闭锁式系统的枪支毕竟是少数,自动手枪大多使用管退式,但这一方式会造成枪身剧烈震动,所以重视命中精度的步枪基本都会选择使用气动式。

气动式步枪的枪管上有一个小孔,可以利用火药燃烧产生的气体推动活塞运动。活塞连接着滑块,当活塞向后运动的时候,推动滑块同步向后运动,当运动到一定位置时,滑块会引起枪机旋转,从而将枪机从枪身上解锁。M16突击步枪和AK-47突击步枪使用的都是这一解锁方式,称作"旋转式闭锁"。此外,日本的64式自动步枪、土耳其的FAL自动步枪和俄罗斯的SKS自动步枪等使用的是"落下式闭锁"。如右图所示,落下式闭锁的枪机有一个凸起,可以卡在机匣的凹槽内。滑块后退的时候,会将枪机提起,从而完成枪机与机匣的解锁。

虽然大部分自动步枪都有活塞,但是M16自动步枪却没有,它只有一根细长的导气管,直接利用气体来推动滑块。如果仔细区分的话,会发现气动式步枪的结构也是多种多样的。

落下式闭锁的示意图

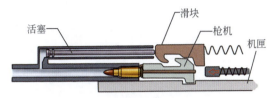

枪机上的凸起卡入机匣的凹槽内

火药燃烧产生的气体推动活塞,并带动滑块运动

弹头离开枪管的时候,滑块向上提起枪机,将枪机和机匣解锁

弹壳抛出,在复位簧的作用下,枪机和滑块复位

消焰制退器

步枪在射击的时候,枪口会产生火焰,这样不仅容易暴露目标,同时还会晃花射手的眼睛,所以现在很多枪支都会安装消焰制退器,既可以消除枪口冒出的火焰,又能够有效降低后坐力。

火药中含有碳氢化物,在燃烧时本应产生水蒸气和二氧化碳,但由于枪管内的氧气不足,所以就会产生大量的一氧化碳。高温下的一氧化碳遇到空气会剧烈燃烧,从而使枪口部位出现烈焰。

消焰器的作用是使从枪口喷出的一氧化碳迅速扩散并降温,这样可以阻止火焰的产生。制退器的作用则是利用枪口喷出的气体给枪身一个向前的力,从而抵消掉发射子弹时产生的后坐力。将消焰器和制退器结合在一起就形成了消焰制退器。

世界各国的军火工厂研制出种类繁多的消焰制退器,如果仔细观察的话,会发现枪支种类不同,消焰制退器的形状也各不相同。

日本自卫队装备的89式突击步枪的消焰制退器

第6章

机关枪

6-01 重机枪与轻机枪
即使是轻机枪,也重达十多公斤

在第一次世界大战时,机枪非常笨重。俄军使用的马克沁M1910重机枪重达65.77kg,德军使用的马克沁08重机枪重达66.4kg,日军使用的92式重机枪重达55.5kg。对当时的步兵来说,带着这么重的大家伙行军那是非常痛苦的。

鉴于此,人们发明了轻机枪。与有三脚架或者带有车轮的重机枪不同,轻机枪的外形更像是一款加强版的步枪,只是在枪管部位多了两个脚架而已。轻机枪的名字中虽然含有一个"轻"字,但其实并不轻,这主要是因为如果没有一定重量的话,受后坐力的影响,晃动会非常明显,命中率也很难保证。日本的99式轻机枪重10kg,英国的布伦式轻机枪重10.15kg,俄国的DPM轻机枪重12.2kg,美国的勃朗宁M1919A6轻机枪重14.7kg。

在使用同样的子弹时,重机枪可以在1km的距离上击中敌人;轻机枪受射手的射击水平影响较大,大约能在300m左右的距离上击中敌人;步枪需要单发瞄准射击,有效射程差不多也是300m。

在第二次世界大战中,德军使用的MG34、MG42机枪属于通用机枪,也称作轻重两用机枪。基本结构和轻机枪类似,不过会像重机枪一样使用三脚架。在第二次世界大战后,世界各国都大力生产通用机枪。现代战争越来越重视速度,虽然重机枪杀伤力巨大,但由于过于笨重,已逐渐退出历史舞台,现在提起机枪,基本指的都是通用机枪了。

第6章 机关枪

以前日军使用的92式重机枪

中国军队使用的67式通用机枪，像重机枪一样配有三脚架。如果取下三脚架，就可以当做轻机枪使用

6-02 班用机枪与排用机枪
机枪也已进入小口径高速弹时代

在第一次世界大战中,机枪动辄数十公斤,单兵很难独立驾驭,于是就出现了机枪班,专门来操作重机枪。后来,随着轻机枪的普及,一个十人左右的步兵班通常会配备一挺轻机枪,因此也称作"班用机枪"。

在最初,为了补给方便,无论是重机枪、轻机枪,还是步枪都会使用相同的子弹。但是在第二次世界大战后,步枪进入了突击步枪时代,突击步枪弹的威力减小为原有步枪弹的一半。机枪和突击步枪不能再使用同样的子弹,这就给弹药补给造成了很大的麻烦。鉴于此,世界各国又研发出使用突击步枪弹的小型轻量型机枪。其中,比利时研发的5.56mm米尼米(minimi)轻机枪、俄罗斯研发的5.45mm RPK74轻机枪和中国的5.8mm 81式轻机枪和95式轻机枪都较为出名。

子弹的威力减半之后,对突击步枪来说也许没有什么,但是对于有些机枪来说,在距离1km或2km射击时就有很大困难。

于是,各国仍然保留着旧式的7.62mm口径的轻机枪,并且主要以排为单位来进行配备,因此也称作"排用机枪"。每个排会根据实际情况,编成"机枪组"或者"机枪班",作战时作为火力支援单位配合步兵进攻。此外,在美军中,只有排用机枪才能称得上是机枪,班用机枪根本算不上机枪,仅称作"班用支援火器"。

第6章 机关枪

比利时的国有军火企业FN公司研发的5.56mm米尼米机枪

中国军队使用的81式班用机枪

6-03 大口径机枪
外形已经类似于机关炮

在战争片中,我们经常可以看到架在吉普车顶上的大型机枪,自卫队的有些战车或者装甲车也会在车顶架设12.7mm口径的重机枪。此类重机枪使用的子弹重达117g,弹头46g,发射药15.55g,发射初速能达到895m/s,威力是7.62mm机枪的5倍,5.56mm机枪的10倍,最大射程能够达到6000m。

也许有人觉得,7.62mm机枪的有效射程能达到2km,在实战中已经足够了,而12.7mm重机枪的射程是6km,在这么远的距离上,射手连人都看不清,要这么远的射程还有什么用啊?其实,大口径机枪的目标并不是人,而是战车或者飞机。在100m的距离上,大口径机枪弹可以穿透25mm厚的钢板;在500m的距离上,大口径机枪弹可以穿透18mm厚的钢板。可以看出,一般的装甲车很难抵挡住大口径机枪的射击。

大口径机枪还可以用来打飞机。在第二次世界大战中,用机枪打飞机时,平均一千发子弹能有一发击中飞机,要想将飞机击落的话,则需要一万发子弹。

俄罗斯也有口径为12.7mm的大口径机枪,虽然和美国的大口径机枪的口径相同,但是其使用的子弹更为细长,每发子弹重140g,弹头51g,发射药17.56g,发射初速能达到825m/s,威力也比美国的更强大。此外,部分中国产的大口径机枪也会使用这一型号的子弹。

在俄罗斯和中国,还有14.5mm口径的重机枪,威力极其巨大。此类大口径机枪使用的子弹每发重200g,弹头重63g,发射药28.84g,发射初速能达到995m/s。14.5mm口径的重机枪虽然还称作"枪",但是其外形已经类似于"机关炮"了。

第6章 机关枪

美军和日本自卫队使用的12.7mm口径的重机枪

俄军使用的12.7mm口径的重机枪

6-04 机枪的供弹方式
各式各样的弹链

大部分机枪都是用弹链来供弹。弹链在日语中称作"保弹带",在英语中称作"feed belt"。早期的布弹链现在已经很少见了。现在的大部分弹链都是金属的,而且多种多样。

图①中的弹链是美军在第二次世界大战中使用的机枪,以及日本自卫队的62式机枪使用的弹链,由一个个O形金属件组成。射击后,也不是整条弹链排出,而是分离成一个个O形金属件排出。这样的O形金属件在供弹的时候,子弹需要一个向后退出的动作,然后才能被送入药室,所以枪内的结构要复杂得多。

图②和图③是由C形金属件组成的弹链,夹子弹的部分大约有子弹的一半稍多一点。C形金属件在供弹的时候,子弹不需要向后退出,直接就可以被送入药室,所以枪内结构就简单了许多。

现在德军的部分机枪和俄军的部分轻机枪仍在使用图③中的弹链。射击后,金属件不会分离,整条弹链会一起排出,因此也称作"不可散弹链"。使用不可散弹链的机枪移动起来非常不方便。在现代人眼中,不可散弹链都是老式弹链,只有可散弹链才是最新的。不过,可散弹链经常会卡在枪内抛不出来,这时需要将其抠出来才行,所以比较麻烦。比较起来,还是不可散弹链更为可靠一些。

第6章 机关枪

美军在第二次世界大战中使用的由O形金属件组成的弹链,此款弹链在供弹的时候,需要一个将子弹向后退出的动作

由C形金属件组成的弹链,子弹可以直接送入药室

德军和俄军使用的不可散弹链

6-05 各种各样的供弹方式
箱式弹匣与鼓式弹仓

在机枪的所有供弹方式中，最普及的就是弹链供弹方式。在需要连续射击数百发子弹的时候，弹链供弹方式确实是最佳的选择。不过，这样的情况毕竟不是很多，而且拖着弹链移动的话，也很不方便。

在日常的训练中，弹链供弹方式一般不会出现问题。但是在真实的战场上，有可能是尘土飞扬，也有可能碰上雨雪。如果沙尘、雪水或泥浆随着弹链进入枪内的话，枪支自然会发生故障。

在可信赖性方面，日军在第二次世界大战中使用的92式重机枪的保弹板供弹方式最为可靠。在轻机枪方面，很多轻机枪会使用步枪那样的箱式弹匣，例如俄军的RPK班用机枪使用的就是箱式弹匣。不过，对机枪来说，容弹量为30发或者40发的弹匣还是有点不够用。

此外，中国的部分轻机枪至今仍在使用鼓式弹仓。鼓式弹仓的容弹量是75发，即便是在雪水或泥浆等残酷环境下，依然可以有效地保持子弹的清洁。但是，鼓式弹仓有一个缺点，那就是体积较大，携带起来非常不方便，而弹链就不存在这样的问题，可以放在弹药箱内，也可以缠绕在战士的身体上，在运输时并不需要占用大量空间。日本自卫队使用的米尼米（minimi）轻机枪，不仅可以使用弹链，还可以使用弹匣，虽然枪身结构复杂了，但便利性却大为提高，这也不失是一好的思路。

第6章 机关枪

使用箱式弹匣的日军99式轻机枪。在第二次世界大战时,各国研发的轻机枪大部分都是使用箱式弹匣

使用鼓式弹仓的中国81式班用机枪,鼓式弹仓的容弹量为75发

6-06 枪管冷却方式
水冷式、气冷式和交换枪管式

发射药燃烧之后会产生巨大的热量,在连续射击数十发子弹之后,枪管就烫得难以用手去摸了。要是连续射击五百发子弹的话,那整个枪管都会变红,而且还会变软。这样一来,不仅会造成枪管的膨胀,而且还会给枪管造成巨大的损伤。所以说,在连续射击的时候,必须对枪管进行降温。

第一次世界大战时使用的机枪大多都是水冷式,在枪管外面包一圈容水筒,当射击产生的温度超过水的沸点时,容水筒内部的水就会沸腾,通过蒸发来保持枪管的最高温度始终维持在100℃。不过,在沙漠地区,水资源非常紧缺,于是又在枪身上连接一个散热装置,通过冷却水蒸气来实现水的循环利用。这样一来,机枪就变得更加笨重,失去了机敏性。此外,在冬天时,还要防止容水筒内的水结冰。

法国研发的哈奇开斯机枪以及同属该系列的日本的一些机枪,使用的都是气冷式。枪管外侧会包许多散热片。气冷式机枪不需要担心水的问题,而且也都较为轻便。日军使用的大正3年式重机枪和92式重机枪都是气冷式,它们的命中精度非常高,称作"机枪中的狙击步枪",一般都是"哒哒哒、哒哒哒哒哒"这样三发或五发子弹交替射击,在1km的距离上可以轻松击毙敌人。

在现代战争中,武器的机敏性极其重要,笨重的水冷式重机枪已经完全退出了历史舞台,取而代之的是交换枪管式重机枪。使用重机枪的士兵会准备一只备用枪管,每射完200～250发子弹交换一次枪管。在交换枪管的过程中,如果不小心,很容易被烫伤,所以机枪手都会随身携带一副耐高温手套。

第6章 机关枪

M1917A1
· M1917は、水冷式の機関銃で、米国の2万発耐久試験の際にも、48分12秒間撃

已经退出历史舞台的美国产水冷式重机枪

三年式機関銃

日军大正3年式重机枪,气冷式。92式重机枪和大正3年式重机枪的结构相同,只是口径从6.5mm变成了7.7mm。总之,日军还是非常喜欢气冷式机枪的

COLUMN-06

子弹的炽发

只要射击，枪管必然会变热。机枪在连续射出数百发子弹后，枪管的温度能够达到数百摄氏度。

"机枪手，向前冲！"

一旦长官下达命令，机枪手责无旁贷要提着机枪冲上去。

这时，在数百摄氏度高温的枪管内的子弹会怎么样呢？

此刻即使不扣动扳机，枪管内的高温也会造成发射药的燃烧，从而造成子弹的炽发。

鉴于此，现在的很多机枪，只有扣动扳机，枪机才会将子弹送入药室。只要子弹不进入药室，即使再高的温度，也不会造成子弹的炽发。

下图中的中国的81式机枪，以及俄国的RPK机枪等使用的是和步枪类似的上膛方式，所以发生子弹炽发的危险性较高。

在战场上，经常需要像图中那样，拿着滚烫的轻机枪冲锋

第7章

弾道

7-01 枪管和膛压
1cm² 的面积上要承载多大压力呢？

火药在枪膛内燃烧产生巨大的压力，从而推动弹头射出。那么，枪管内的压力究竟有多大呢？这跟所发射弹头的重量和使用的火药有关。在火药用量相同的情况下，越是重的弹头，枪管内的压力越大。在火药用量和弹头重量都相同的情况下，燃烧速度越快的火药产生的压力越大。在弹头重量相同的情况下，口径小的枪管内产生的压力越大，即细长弹头要比短粗弹头所承受的压力大。

现在国际上通用的压强单位是帕斯卡（Pa），但在美国却一般不用这一单位，他们习惯使用"Pounds per square inch"，简写为"psi"，即每平方英寸上承受多少磅的压力。我相信很多读者对美国的这一单位肯定也很不习惯。

我上学的时候用的压强单位是"kgf/cm^2"，相信很多读者朋友会和我一样，对这一单位要比对"MPa"和"psi"熟悉得多。现将他们之间的换算关系简单介绍如下：

1MPa=10.197 kgf/cm^2=145.04psi
1kgf/cm^2=14.2233psi=0.098066MPa
1psi=0.070307 kgf/cm^2=6895Pa

右表列举了部分代表性子弹的最大膛压。

第7章 弹道

表：各种子弹的发射药量、弹头重量和最大膛压

子弹名称	发射药量/g	弹头质量/g	最大膛压/(kgf/cm²)
12	1.91	38.98	713
45ACP	0.32	14.91	1160
38special	0.26	10.28	1310
30卡宾弹	0.94	7.13	2672
308温彻斯特	3.11	9.72	3514
30-06	3.24	9.72	3657
Cal.50机枪弹	15.55	45.94	3870

一般来说，发射药量越多，最大膛压越高。

膛压测定装置

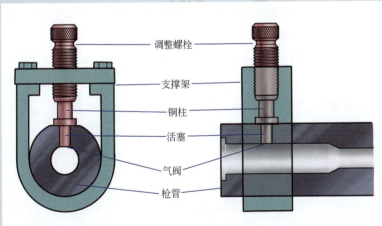

膛压测定装置都是非卖品，一般由军火工厂自己设计制造。图中仅是众多膛压测定装置中的一种，还有其他种类的膛压测定装置

7-02 膛压曲线
最大膛压出现在离药室数厘米的部位

右图表示的是7.62mm口径、9.72g弹头和3g发射药的子弹在发射时产生的膛压曲线。无论是军用机枪或步枪,还是猎枪,其膛压曲线大致都是这个样子,没有什么大的变化。

发射药在弹壳内燃烧,产生巨大的压力。当弹头飞出3～4cm时,枪管内达到最大膛压,每1cm^2的枪管要承受3.5tf的压力。看到这一数据,大家首先想的是枪管会不会裂开,其实比起枪管,我们更应该担心枪栓锁块会不会在巨大的冲击下折断。当然了,枪支在设计的时候,都经过了详细的验证,枪栓锁块肯定是不会折断的。

枪管内的最大膛压出现在弹头射出后的万分之一秒时,之后随着弹头的前进,枪管内的空间不断扩大,膛压会出现激减。当子弹飞离枪口的时候,每1cm^2的枪管要承受400～500kgf的压力。

前文已述,测定膛压时需要在枪管上打孔,然后插入一个测定装置来进行检测。这样一来,要想知道枪管内十个不同部位的膛压的话,就需要在枪管上打十个孔,非常麻烦,所以用铜柱和活塞检测膛压的测定装置逐渐被人们所淘汰,现在大家更愿意使用压电素子(压力感应器)来测定膛压。

总之,不管什么枪,也不管什么子弹,药室附近的膛压是最大的,因此只要测定这个部位的膛压就可以了。像右图那样,将枪管各个部位的膛压都测出来的情况,那是少之又少。

枪管内膛压的变化

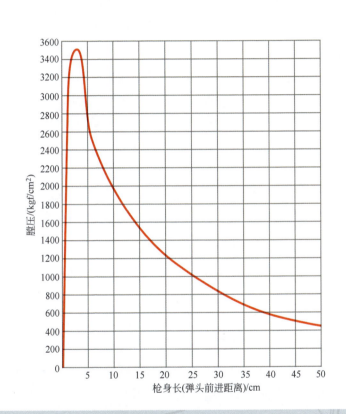

弹头飞出3~4cm时，枪管内出现最大膛压

7-03 弹头的初速
初速受多种因素影响

右侧的图表列出了多款名枪的初速。图表中用的单位是 m/s，非常精确，在现实中，每发子弹的初速每秒都会有几米的差别。此外，子弹的初速还会受到气温的影响，一般会有 10m/s 左右的差别。

同一款枪，使用的子弹种类也不尽相同。例如，非常畅销的雷明顿 M700 步枪所使用的子弹种类就是多种多样。要是您问具体有多少种，我相信，即使是雷明顿公司的专职销售员，如果不查资料的话，也很难给出准确的回答。

而且，同一款子弹的发射药量和弹头重量也会有差别。例如，30-06 子弹。在 20 世纪初期，美国几乎一半的步枪和机枪都是使用这款子弹，而且大量的猎枪也在用这款子弹。军用弹的装药量都是固定的，每一枚都装 9.72g。猎用弹的装药量那就是五花八门了，不同的工厂生产的 30-06 子弹，内部的装药量也完全不同。

虽说弹头的重量决定了发射药的用量，但是在弹头重量相同的情况下，不同厂家的子弹的装药量也会有微小的差异。而且，厂家还会根据火药的质量，来适当调整发射药的用量。因此，当大家在研究子弹的发射药或者初速的时候，如果发现数据和我表中列出的数据不太一致，那也是正常的。

枪与子弹所对应的初速

枪支名称	子弹名称	枪管长/mm	发射药量/g	弹头质量/g	初速/(m/s)
华尔瑟PPK自动手枪	380APC	83	0.23	7.45	280
托卡列夫M1930手枪(TT-30)	7.62mm托卡列夫手枪弹	115	0.5	5.64	420
南部14年式手枪	8mm南部手枪弹	117	0.32	6.61	340
贝瑞塔M92手枪	9mm鲁格弹	125	0.42	7.45	390
鲁格安全6型转轮手枪	380 special	152	0.53	8.1	285
柯尔特M1911手枪	45ACP	128	0.32	14.91	262
柯尔特peace maker手枪	45 long colt子弹	138	0.48	14.58	252
鲁格M77步枪	243温彻斯特步枪弹	559	2.78	5.51	956
M16A1	223雷明顿突击步枪弹	533	1.62	3.56	990
M1卡宾枪	30US卡宾弹	457	0.94	7.13	607
M1格兰德步枪	30-06子弹	600	3.24	9.72	853
38式步枪	6.5mm有坂步枪弹	797	2.14	9.01	762
38式马枪	6.5mm有坂步枪弹	487	2.14	9.01	708
99式短步枪	99式7.7mm步枪弹	655	2.79	11.79	730
99式重机枪	92式7.7mm机枪弹	726	2.86	12.96	731
毛瑟kar98k步枪	8mm毛瑟弹	600	3.05	12.83	780
毛瑟G98步枪	8mm毛瑟弹	740	3.05	12.83	850
李恩菲尔德No1.MKⅢ步枪	303 British步枪弹	640	2.43	11.28	745
温彻斯特M70步枪	300温彻斯特马格纳姆弹	609	4.53	11.66	896
温彻斯特M70步枪	338温彻斯特马格纳姆弹	609	4.34	16.2	792
温彻斯特M70步枪	270温彻斯特步枪弹	609	3.56	8.42	994
雷明顿M700步枪	30-06子弹	559	3.56	11.66	818

38式马枪比38式步枪的枪管短310mm,所以在使用相同子弹的情况下,初速下降了54m/s。毛瑟kar98k步枪比毛瑟G98步枪的枪管短140mm,所以在使用相同子弹的情况下,初速下降了70m/s。同一款温彻斯特M70步枪,在使用300温彻斯特马格纳姆弹时,因为仅有11.66g,所以初速就快,而在使用338温彻斯特马格纳姆弹时,因为重达16.2g,所以初速就慢。此外,在发射重弹头时,膛压不能过大,就需要适当降低发射药的用量。

7-04 枪管长度与子弹速度
枪管越长,子弹速度不一定越大

在火药燃烧气的推动下,弹头在枪管内激烈加速,在冲出枪口的那一瞬间,速度达到最大值。严格来说,其实在离开枪口 1m 左右的位置达到最大值,因为在冲出枪口之后,还会受到枪管内喷出气体的推动,速度还会提升数米每秒。

虽说枪管越长,子弹的速度会越大,其实在 7-02 中我已经介绍过,随着弹头的前进,枪管内的压力会急速下降,当弹头遇到的摩擦力等于燃烧气体给它的压力的时候,它的速度就不会再提升了。我们将枪管的这一限界长度称为"理论最大枪长"。虽然子弹的种类繁多,但是所有枪管的"理论最大枪长"大都是 70~80cm,因此大部分枪支的枪管都不会很长。

右图所示的是用 3g 发射药,发射 7.62mm 口径、9.72g 弹头的加速状态。枪管长度 50cm,其实是 55cm,图中的枪管长度指的是弹头底部至枪口的距离,其实应该用弹壳底部到枪口的距离来表示。从图中曲线的走势来看,如果枪管长度为 70cm 的话,那在超出原枪管 20cm 的距离内,速度也不会有任何提升。

此外,使用大威力子弹的猎用步枪的枪管会稍微长一些。例如,用 4.5g 发射药,发射 7.62mm 口径、11.66g 弹头时,其产生的巨大威力足以支持弹头加速到 60cm 左右。

弹头在枪管内的速度变化

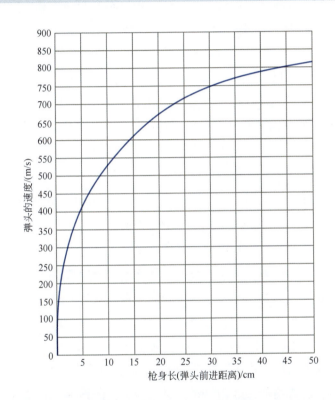

随着弹头在枪管内的前进，子弹的加速度不断减小，到达枪口部位时，加速度几乎变为零

7-05 外部弹道
弹头会有一个横向的偏流

弹头在枪管内行进的轨迹称为"内部轨迹",离开枪口后飞行的轨迹称为"外部轨迹"。弹头离开枪口之后,在空气阻力的作用下,速度逐渐降低。所以说,初速800m/s的弹头并不能用1s击中800m的目标,而是需要1.6s。

子弹在飞行过程中,还会受到重力加速度的影响,因此要想让子弹击中远方的目标,必须要让枪管保持一个斜向上的角度。这样一来,弹头在空中的飞行时间就会延长,承受空气阻力的时间也会相应变长,射中目标的耗时也会变得更久。虽然弹头飞行的速度很快,但是受此影响,我们在用机枪射击2km的目标时,会明显感觉到实际耗时要比我们预计的多一些。

弹头在飞行过程中旋转前进,当它的旋转角速度矢量与飞行速度矢量不重合时,在与旋转角速度矢量和平动速度矢量组成的平面相垂直的方向上将产生一个横向力。受此横向力的影响,弹头会出现横向的移动,这就是"偏流"。在北半球,7.62mm口径的子弹在飞出1000米时,大约会向右偏流60cm。因此,在用狙击步枪或者机枪远距离射击时,偏流距离必须计算在内。

右侧表格介绍了7.62mm口径、9.72g的子弹,以824m/s的初速飞离枪口后,射击一定距离的目标所需要的时间,最大弹道高度和右偏流的距离。

第7章 弹道

表:7.62mm口径、9.72g的子弹射击不同距离目标时的飞行时间、最大弹道高度和右偏流距离

射击距离/m	飞行时间/s	最大弹道高度/m	右偏流距离/m
180	0.24	0.05	—
360	0.56	0.25	—
550	0.96	1	0.1
730	1.44	2	0.3
910	2.01	5	0.5
1100	2.69	8	1.1
1280	3.45	15	1.3
1460	4.31	23	1.5
1650	5.25	33	3.3
1830	6.31	50	5.5
2000	7.57	71	8.0
2190	9.11	100	10.9
2380	11.03	153	16.7
2560	13.60	238	25.6
2740	17.50	400	41.1

表格中所列的数据是在15℃、1atm(1atm=101325Pa)下的测量结果。当气温较高时,空气密度会下降,空气阻力也会相应变小,子弹的飞行时间也会相应变短。此外,当气温较高时,火药的燃烧速度会加快,子弹的初速也会相应提高。当射击高处的目标时,高处的空气密度比较低,子弹的飞行时间也会相应变短。湿度越大,空气阻力越大,子弹的飞行时间会相应变长。当然了,这些因素对偏流也会产生相应的影响。

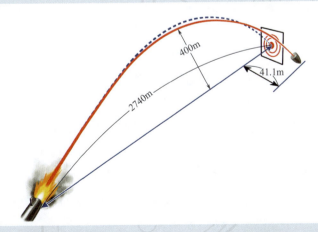

7.62mm口径、9.72g的子弹在射击2740m的目标时,最大弹道高度能够达到400m,右偏流距离可以达到41.1m

7-06 弹头的冲击能量
多大的能量才能将动物击倒呢?

若想击毙狐狸那样的小型动物,使用小威力的子弹就足够了。但是,要想击毙熊那样的大型动物,必须使用大威力的子弹。那么,针对不同的动物,究竟要使用多大能量的子弹才能够将其击毙呢?

每个动物的生命力不同,所以将其击毙所需要的能量也各不相同。我在本书中经常提到30-06子弹,有时六发此款子弹才能将一头熊击倒,而卡宾弹的威力仅有30-06子弹的1/3,要是打巧了,一发卡宾弹就能够将熊毙命。人也一样,要是被击中心脏的话,一枚小小的22 rim fire子弹就可以致人死亡,而俄国著名的杀不死的妖僧——拉斯普京身中五发7.62mm纳甘手枪弹都没有毙命,最后还是投到河里给淹死的。究竟要多大冲击能量才能将动物击毙,这一是要看是否击中了要害部位,另外还要看动物的毅力如何,击毙不同动物所需要的能量那也是千差万别。

我纵横猎场许多年,射杀过的动物难以计数,从我个人的经验来看,一般将一头猎物击倒的能量,如果用kgf·m来表示的话,那它前面的数字应该和动物体重的数字基本相同。

也就是说,体重100kg的动物大约需要100kgf·m的冲击能量才能将其击毙。在现代物理学中,能量的国际单位是焦耳(J),现在的年轻人也许会觉得焦耳用起来比较习惯,但是像我这种岁数的人,当年上学的时候,学的都是用kgf·m来表示能量,再加上kgf·m前面的数字和体重基本相同,这样读者也更好理解,所以我在本书中就继续用kgf·m来表示冲击能量了。

冲击能量（kgf·m）的计算公式是：

冲击能量（kgf·m）=弹头的质量×速度^2/（2×9.8）

9.72g的弹头以800m/s的速度射击动物时，产生的能量是：0.00972×800×800÷（2×9.8）=317kgf·m。理论上，这枚子弹可以击毙体重300kg的熊，但这需要一个前提条件，那就是弹头必须留在熊的体内，如果贯通的话，弹头会损失部分能量，自然也就难以将300kg的熊击毙。当然了，如果击中的是要害部位，那就另当别论了。

以上数据都是在假设熊没有注意到猎人的存在，并且突然受到子弹射击时的理想情况下得出的。在现实中，这样的情况极其罕见，往往是熊会发现猎人，并向其扑过来，这时如果还用同样的子弹，那显然难以将熊击毙。为了安全起见，猎人们往往愿意使用更大威力的子弹。

通常情况下，用kgf·m米表示弹头的冲击能量时，前面的数字和目标猎物的体重基本相同，基本上一发子弹就可以击毙猎物

7-07 弹头的速度和射程
45°角射击是不可取的

假如没有空气阻力,那么用45°角射击,弹头会飞得最远。但是,我们知道,弹头在飞行过程中,空气阻力是不可避免的,所以大多数枪支的射击角度是15°～25°。在这样的角度下,弹头能飞得最远。弹头所能飞达的最大距离就是最大射程。

通常来说,速度越快的弹头,会飞得越远。在初速相同的情况下,越是重的弹头,越能克服空气阻力,因此也会飞得更远。此外,弹头的形状也非常重要,相同重量的弹头,短粗型的弹头更容易受到空气阻力的影响,细长流线型的弹头受空气阻力较小。因此,在远距离射击的时候,细长流线型弹头更占优势。

受弹头形状、重量以及速度的影响,弹头所能达到的最大射程也是千差万别。有的弹头可能很轻,初速也很慢,但由于它是流线型,所以就能飞得更远。在相同口径的情况下,有些子弹的初速也许比其他子弹慢,但由于其更重,所以能比其他子弹飞得更远。手枪弹和步枪弹虽然很轻,但是依然可以给数千米以外的敌人造成致命打击。

右侧表格列出了各种子弹的初速和最大射程。其中的数据都是在气温15℃和1atm下测出的。如果气温升高,或者气压下降,最大射程还会增加。同样的道理,如果气温下降或者气压增大,最大射程也会相应减少。所以说,图中列出的最大射程的后两位数字基本没什么意义,最大射程很难做到那么精确。

表：各种子弹的重量、初速和最大射程

子弹名称	弹头质量/g	初速/(m/s)	最大射程/m
22 long rifle步枪弹	2.6	380	1370
223雷明顿步枪弹	3.6	981	3515
243温彻斯特步枪弹	6.5	897	3636
243温彻斯特步枪弹	5.18	1060	3150
M1卡宾枪弹	7.2	597	1980
270温彻斯特步枪弹	8.4	951	3600
30-30温彻斯特步枪弹	10.9	666	3333
30-06 flat base步枪弹	11.66	818	3780
30-06 boat tail步枪弹	11.66	818	5151
338温彻斯特步枪弹	16.2	818	4194
458温彻斯特步枪弹	32.4	644	4050
12.7mm重机枪弹	46.5	861	6547
380APC手枪弹	6.1	294	980
38 special wadcutter射击比赛用弹	9.6	233	1515
38 special+P手枪弹	10.2	269	1939
9mm鲁格弹	8.3	339	1727
357马格纳姆步枪弹、	10.2	374	2151
45ACP步枪弹	14.9	259	1333
44马格纳姆步枪弹	15.5	421	2272

  表格中所列的30-06 flat base步枪弹和30-06 boat tail步枪弹的弹头质量都是11.66g，但由于舟尾型弹头比平底型弹头受到的空气阻力小，所以30-06 boat tail步枪弹的弹头会飞得更远。弹头的形状也会影响到射程。此外，243温彻斯特步枪弹存在两款弹头，一款是5.18g，一款是6.5g，虽然5.18g弹头的初速快，但由于其较轻，克服空气阻力的能力弱，所以最大射程要比6.5g弹头短。

7-08 弹道和照门
军用步枪的照门上都会标有刻度

准星位于枪口上方,而照门位于枪管后部,射击者的眼前。只有目标、准星和照门三点连成一线,射出的弹头才可以命中目标。这些道理都是基本常识,我相信即使我不说,大家也都明白。

在水平射击时,由于受地球引力的影响,弹头在射出1s后会下落4.9m,2s后会下落19.6m。所以,在射击时,绝不能让枪管保持水平,必须保持一个斜向上的角度。

如右侧上图所示,图中的虚线是目标、准星和照门连成的瞄准线。弹头射出之后,大约飞行20~30cm才能到达瞄准线,然后沿抛物线继续向斜上方飞行,最高点会偏离瞄准线数十厘米,接着开始下落,最终击中瞄准线上的目标,整个飞行距离大约是数百米。

在射击远处的目标时,必须调整照门的高度,使枪管出现一个合适的倾斜度。在军用步枪或机枪的照门上都会刻着不同的刻度,例如射击300m的目标,就需要将照门上的滑块滑到"3"这个位置;射击400m的目标,就需要将滑块滑到"4"这个位置。

可以看出,士兵或猎人在射击的时候,对目标距离的判断非常重要。如果射击者觉得目标距离是300m,但实际距离是400m,那么弹头就会落在目标前方。同样的道理,如果实际距离仅有200m,那弹头又会落在目标的后方。

弹道抛物线

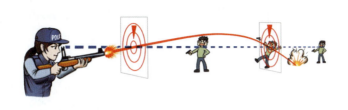

弹道是一个抛物线，设定好命中距离之后，如果目标近于这个距离，那么弹头就会落在目标的后方，如果目标远于这个距离，那么弹头就会落在目标的前方

38式马枪的照门，图中所示的滑块位于2000m的命中距离上

89式步枪的照门。旋转左侧的旋钮，照门会上下移动。在射击远的目标时，需要将照门摇得高一些；射击近的目标时，需要将照门摇得低一些。旋转右侧的旋钮，照门会左右移动。照门下方有扇形刻度盘，用来把握左右移动的大小

12.7mm狙击步枪得以流行的原因

近年来，使用12.7mm重机枪弹的狙击步枪在世界上非常流行，弹头质量以及装药量是7.62mm子弹的5倍，5.56mm子弹的10倍，威力极其巨大。也许有人会问，究竟要射击多么远的目标，才需要用这么大威力的子弹呢？不过话说回来，像这样的大型子弹，在远距离射击时，对克服空气阻力确实非常有利。

例如，在射击距离2000m的目标时，7.62mm子弹需要耗时7.57s，弹道抛物线的最高点距离瞄准线71m，右偏流8m。如果使用12.7mm子弹，则仅需要耗时4.35s，弹道抛物线的最高点距离瞄准线25s，右偏流1.4s。可以看出，在使用大口径子弹进行远距离狙击时，弹头质量可以很好地克服空气阻力，而且弹道也更为平缓。

此外，重弹头还能减小横向风的影响。在横向风速1m/s时，7.62mm子弹飞行1000m，会偏离目标70cm以上，但是对于12.7mm子弹来说，这点微风就可以忽略不算了。

12.7mm子弹的后坐力巨大，导致发射用枪非常笨重，实用性大打折扣。鉴于此，一些中型子弹已经开始试用，例如338拉普阿（Lapua）马格纳姆弹，弹头质量16.2g，初速900m/s，既可以保持较高的命中精度，又能减小后坐力。

美国巴雷特军火公司研制的巴雷特M82狙击枪，使用12.7mm子弹，既可以被用于远距离狙击，也可以被用于摧毁轻型车辆

第 8 章

霰弹枪

8-01 霰弹的结构
霰弹内部装有许多金属铅粒

在英语中,步枪和手枪使用的子弹统称为"cartridge",而霰弹枪使用的霰弹则被称为"shell"。霰弹的结构如右侧上图所示,外侧是纸质或者塑料的弹壳,内部装有发射药和铅粒。在旧时使用黑火药时,有的霰弹还会使用黄铜弹壳,但是现在很少见了。此外,霰弹与步枪弹和手枪弹的火帽的尺寸和形状也完全不同。

霰弹内部的中央部位有一个弹塞,将铅粒和发射药分割开来。在以前,弹塞都是由牛毛混合石蜡制成,后来又出现了纸质的弹塞,现在的弹塞则大都由聚乙烯制成。弹塞和铅粒杯往往会浇铸在一起,以避免铅粒与枪管之间产生摩擦。

为了使铅粒不散落,霰弹的前端都会有一个封顶。以前的封顶都是弹壳向内折回阻挡住最前面的圆形纸板,形成一个圆形封顶。现在的封顶则大都是聚合成星星的形状,称为星形封顶。星形封顶的折纸部分要比圆形封顶长一些,所以在发射前长度相同的霰弹在发射后,星形封顶的霰弹的弹壳要比圆形封顶的霰弹的弹壳长一些。

部分霰弹的底部还会有一个金属封底。两连发霰弹枪所使用的霰弹不需要这样的金属封底,但是自动霰弹枪和滑动式枪机的霰弹枪所使用的霰弹必须用金属封底进行加固,否则极有可能会导致弹壳的破裂。

霰弹的结构

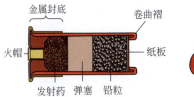

圆形封顶

聚乙烯材质的弹塞和铅粒杯往往会被浇筑在一起

星形封顶

铅粒被装在铅粒杯内,以防止铅粒与枪管产生摩擦

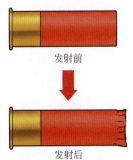

8-02 霰弹枪口径的表示方法
常说的几号几号究竟有多大？

霰弹枪的口径表示单位在英语中是"gauge"，在日语中是"番"，汉语中是"号"。12号口径指的是将1/12lb的铅做成球状，球的直径就是口径。同样的道理，20号口径指的是1/20lb的铅丸的直径。1lb为453.6g。

不过，410号口径是个例外，指的是0.410in。此外，还有直径为9mm、7.6mm和0.22in等规格的口径，但是很少见。

霰弹枪最常见的是12号口径，容纳铅粒多，威力较大，而且使用方便。要是口径再大的话，后坐力就会变大，霰弹枪也会变得很笨重，使用起来会非常不方便。而且，很多国家都禁止生产口径大于12号的霰弹枪，只有美国的部分州允许使用10号口径的霰弹枪。

次之是20号口径，此口径的霰弹枪较为轻便，女性也可以轻松使用。

第三是410号口径，此口径的霰弹枪的枪身细长，铅粒的容纳量是12号口径的一半，使用起来非常轻便。

在美国还存在28号口径的霰弹枪，但仅存于美国，其他国家都没有。此外，还有16号口径的霰弹枪，大部分都是旧时的高级枪，非常罕见，而且配套的霰弹也很难找到。

在枪械书籍中，我们还可以看到一些其他口径的霰弹枪，但是在市面上基本绝迹了，哪怕跑遍数百家枪械店，也很难找出一把。

表：霰弹枪的口径

口径	口径尺寸			
	使用纸质弹壳的霰弹枪		使用黄铜弹壳的霰弹枪	
	最大值/mm	最小值/mm	最大值/mm	最小值/mm
4号	23.75	23.35	—	—
8号	21.20	20.80	—	—
10号	19.70	19.30	19.7	19.5
12号	18.60	18.40	18.5	18.3
16号	17.20	16.80	16.7	16.5
20号	16.00	15.60	15.6	15.4
24号	15.10	14.70	14.5	14.3
28号	14.40	14.00	13.5	13.3
30号	—	—	12.5	12.3
36号	—	—	11.5	11.3
40号	—	—	10.4	10.2
410号	10.60	10.40	—	—
7.6mm	—	—	7.5	7.3

口径越大，容纳的铅粒越多。

表：美国猎兽用铅粒的尺寸

名称	直径/in	直径/mm	1lb(453.6g)的粒数
00	0.33	8.38	130
0	0.32	8.12	145
1	0.30	7.62	175
3	0.25	6.35	300
4	0.24	6.09	340

表：美国猎鸟用铅粒的尺寸

名称	直径/in	直径/mm	1oz(28.35g)的粒数
BB	0.18	4.57	50
2号	0.15	3.81	90
4号	0.13	3.30	135
5号	0.12	3.05	170
6号	0.11	2.79	225
8号	0.09	2.29	410
9号	0.08	2.03	585
12号	0.05	1.27	2385

美国的铅粒分为猎兽用铅粒和猎鸟用铅粒两类。对于相同口径的霰弹枪，铅粒越小，所能容纳的数量越多。例如，同样1oz的铅粒，如果是小粒的9号铅粒的话，那就会有585颗；如果是大粒的2号铅粒的话，那就仅有50颗了。

8-03 铅粒的材质、尺寸和重量
从 1.25 ~ 8.75mm

铅粒的主要材质是铅，分为硬铅粒和软铅粒两类。硬铅粒使用的是铅锑合金，锑的含量约占3%。软铅粒使用的是纯铅，较为柔软，容易变形。此外，有些铅粒外面还会镀镍或者镀铜。

铅粒存在各种各样的尺寸，不同国家之间会有微小的差异。上一页已经介绍了美国的铅粒尺寸，下一页的表格中介绍的是日本的铅粒尺寸。美国的铅粒分为猎兽用铅粒和猎鸟用铅粒两类，在日本则没有这样的区别。

在日本，单多向飞碟射击比赛用的霰弹装的是7号半铅粒，每粒的质量为0.0785g。而美国的7号半铅粒的质量为0.081g，直径0.95in（2.41mm），1oz铅（28.35g）可以制作350粒。一般来说，铅粒直径会有0.1mm左右的误差，而且有些铅粒还会出现较大的变形。

在英国，铅粒的号数是按照1oz铅所制作铅粒的粒数来决定的。1号铅粒指的是100粒铅粒是1oz。6号铅粒指的是270粒铅粒是1oz。10号铅粒指的是850粒铅粒是1oz。相同号数的铅粒，英国的要比日本的小一些。例如，英国的3号铅粒的直径是3.25mm，而日本的是3.5mm；英国的4号铅粒是3.05mm，而日本的是3.25mm；英国的5号铅粒是2.9mm，而日本的是3mm。

可以看出，国别不同，铅粒的尺寸也不同。英国的4号铅粒相当于美国的5号铅粒，而美国的4号铅粒相当于意大利的3号铅粒。

表：日本铅粒的规格

号数	直径/mm	单粒质量/g	32g的粒数	适用猎物
X	8.75	3.750	8	鹿、野猪
SSSG	7.75	2.600	12	
SSG	7.00	1.960	16	
SG	6.50	1.490	21	狐狸、猞猁、大雁（远射）
AAA	6.00	1.280	25	
AA	5.50	0.950	32	
A	5.00	0.750	42	
BBB	4.75	0.590	54	狐狸、猞猁、大雁
BB	4.50	0.520	61	
B	4.25	0.460	69	
1	4.00	0.370	87	大雁（远射）、野鸭（远射）
2	3.75	0.320	100	
3	3.50	0.250	128	野鸭、野兔（远射）
4	3.25	0.200	160	野鸡、长尾雉（远射）
5	3.00	0.150	215	乌鸦、野鸡、长尾雉
6	2.75	0.110	291	
7	2.50	0.090	357	长尾雉（近射）
8	2.25	0.070	457	
9	2.00	0.050	640	沙锥鸟、鹌鹑、松鼠
10	1.75	0.030	1067	
11	1.50	0.021	1526	灰椋鸟、白头翁、燕子
12	1.25	0.013	2692	

铅粒的单粒质量越小，32g铅所能制作的铅粒数量越多。

表：霰弹的容纳铅粒量和发射药量 单位：g

口径	轻霰弹		标准霰弹		重霰弹		马格纳姆霰弹	
	容纳铅粒量	发射药量	容纳铅粒量	发射药量	容纳铅粒量	发射药量	容纳铅粒量	发射药量
10号	39	2.0	46	2.3	53	2.6	57	2.8
12号	28	1.4	32	1.6	40	2.0	52	2.1
16号	27	1.3	30	1.5	—	—	—	—
20号	24	1.2	24	1.2	32	1.6	35	1.8
28号	—	—	20	1.0	—	—	—	—
410号	10	0.5	14	0.7	21	1.1	21	1.1

表中列出的是具有代表性的一组数字，其实不同品牌的霰弹还会有细微的差异。

8-04 霰弹的弹壳长度
短药室不能装长弹壳的霰弹

霰弹的弹壳长度比较单一，不像步枪弹弹壳和手枪弹弹壳那样，相同口径下还存在各种各样的长度。无论是纸质弹壳，还是塑料弹壳，都是凸缘直身式，而且长度也就那么几种。例如，4号和8号霰弹的弹壳为3.25in（82.5mm）；10号霰弹的弹壳以前是2.5in（65mm），现在在美国则多为3.5in（89mm）和2.875in（75mm）；16号和24号霰弹的弹壳为65mm。按以前标准，其他口径霰弹的弹壳也是65mm，不过最近很少见了。

现在最常用的12号、20号、28号和410号霰弹的弹壳长度都是2.75in（70mm），无论是轻霰弹，还是重霰弹，使用的都是相同的弹壳，只是内部的弹塞厚度不同而已。不过，有些马格纳姆霰弹要稍微长一些。例如，12号马格纳姆霰弹除了70mm的以外，还有3in（76mm）和3.5in（89mm）两个型号；20号和410号马格纳姆霰弹有70mm和76mm两个型号；28号马格纳姆霰弹只有70mm这一个型号。

药室的长度决定了使用弹壳的种类。长药室的霰弹枪使用短弹壳霰弹当然毫无问题，要是短药室的霰弹枪使用长弹壳霰弹，那问题可就大了。霰弹弹壳的长度是用顶部卷曲之前的长度来表示的。12号霰弹的弹壳长度虽然表示为3in（76mm），但是在顶部卷曲之后，就只剩下65mm了，所以装在70mm药室的霰弹枪内看似没有什么问题，但是在发射时，弹壳会恢复到原先的长度，打开的时候会受到阻碍。虽然说一发这样的霰弹不至于造成枪膛炸裂，但还是会使枪支受到极大损害。

短药室使用长弹壳时的破坏情况

弹壳的长度76mm

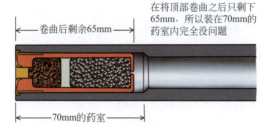

长度76mm的马格纳姆霰弹在将顶部卷曲之后只剩下65mm，所以装在70mm的药室内完全没问题

卷曲后剩余65mm

70mm的药室

但是，在射击的时候，76mm的弹壳不能在70mm的药室内完全打开，这样枪膛内就会产生异常膛压，给枪支造成损害

8-05 喉缩与散布密集度
通过缩小枪管口部的口径来提高铅粒散布的密集度

霰弹枪的枪管口部有一个喉缩，可以让枪管逐渐缩小到所需口径，以提高铅粒的散布密集度。例如，12号霰弹枪的口径是18.6mm，但喉缩的口径仅为17mm。如果没有喉缩，在30m的距离上，铅粒的覆盖面是直径为1m的圆，加上喉缩之后，在40m的距离上，铅粒的覆盖面才会是一个直径为1m的圆。

实际上，铅粒在经过喉缩的时候，并不都是均匀地向内密集，如果喉缩收缩值过高的话，反而会导致铅粒的不规则乱射。因此，我们在表示喉缩的强度或者铅粒的覆盖面的时候，并不是用所有铅粒所形成的圆的直径来表示，而是用40yd（36m）的距离上，射入直径为30in（76.2cm）的圆内的铅粒的百分比来表示。

70%以上的称为"全喉缩"，65%～69%的称为"四分之三喉缩"，60%～64%的称为"半喉缩"，55%～59%的称为"四分之一喉缩"，"50%～54%"称为"改良喉缩"，50%以下（基本40%左右）的称为"无喉缩"。无喉缩的霰弹枪的铅粒散布密集度非常低，所以在现实中，最低程度的喉缩就是改良喉缩。

以前，要想改变喉缩，要么是换一个枪管，要么是拿到枪械店先车出螺纹，再塞进一个喉缩管，而现在的霰弹枪更多的是使用可更换的喉缩器，这样就可以根据不同的用途，更换喉缩值不同的喉缩器。

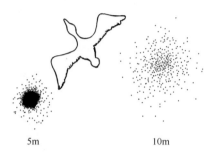

5m　　　　　　　10m

全喉缩枪管在距离5m、
10m和20m射击时的铅粒
散布密集度

20m

8-06 铅粒的速度与射程
霰弹枪的射程都不是很远

不同品牌的霰弹枪以及不同长度的霰弹枪，所发射铅粒的初速多少会存在一些差异，不过基本上都是处于360～400m/s这一范围之内。

虽然有人觉得在打鸟时，铅粒的速度越快越好，但由于铅粒太小，受空气阻力的影响明显，速度下降得很快，即使初速再大，也很难达到很远的射程。

为了提升铅粒的初速，就需要增加发射药的用量，这同时也就增大了霰弹枪的后坐力。假使后坐力能够承受的话，与其增加铅粒的初速，还不如增加铅粒的数量来得更实际一些，这样可以提高击中的概率。铅粒的初速是超过声速的，但飞出枪口以后，受空气阻力的影响，速度很快会降到声速以下。

经过实验验证，铅粒的最大射程与初速没有多大关系，而是由铅粒的大小来决定的。一些体积较大的铅粒，即使初速较慢，也可以飞得很远。右侧的表格中列举了部分铅粒的最大射程。此外，12号铅粒的最大射程可以达到1300m，16号铅粒可以达到1200m，20号铅粒可以达到1100m，410号铅粒可以达到770m。

猎鸟用的X铅粒的最大射程可以达到520m，SSSG铅粒可以达到480m，SSG铅粒可以达到450m，SG铅粒可以达到425m，AAA铅粒可以达到400m，AA铅粒可以达到380m，BB铅粒可以达到340m。

在真空状态下，如果枪管斜向上45°角射击，铅粒会达到最大射程，但在自然状态下，由于受空气阻力的影响，铅粒的速度下降得很快，所以枪管斜向上15°～25°角时，铅粒会飞得最远，而且越是轻小的铅粒，所需要的倾斜角度越小。

表：铅粒的速度和最大射程

铅粒号数	初速/(m/s)	20yd时的速度/(m/s)	40yd时的速度/(m/s)	60yd时的速度/(m/s)	最大射程/yd
2号	400（高速）	316	261	221	330 （300m）
2号	390（中速）	311	256	218	330 （300m）
2号	370（低速）	295	246	210	330 （300m）
4号	400（高速）	306	247	207	300 （275m）
4号	390（中速）	303	242	204	300 （275m）
4号	370（低速）	286	235	198	300 （275m）
5号	400（高速）	283	239	200	290 （265m）
5号	390（中速）	294	236	197	290 （265m）
5号	370（低速）	282	227	315	290 （265m）
6号	400（高速）	294	232	192	270 （250m）
6号	390（中速）	288	227	189	270 （250m）
6号	370（低速）	276	220	184	270 （250m）
7号半	400（高速）	282	217	176	250 （235m）
7号半	390（中速）	276	214	174	250 （235m）
7号半	370（低速）	265	206	169	250 （235m）
8号	400（高速）	278	215	177	240 （225m）
8号	390（中速）	269	210	170	240 （225m）
8号	370（低速）	260	201	165	240 （225m）
9号	400（高速）	270	212	168	230 （210m）
9号	390（中速）	268	203	162	230 （210m）
9号	370（低速）	253	193	156	230 （210m）

（铅粒直径：大 ↑ ↓ 小）

距离单位是yd，速度单位是m/s。1yd约等于0.9m。

受风速的影响，铅粒的最大射程会有10%左右的浮动。越是轻小的铅粒，受风速的影响越明显，误差也就会越大。当铅粒到达最大射程时，所有能量已被空气阻力所消耗，所以不会对人造成伤害。

8-07 飞碟射击
飞碟的直径是11cm

飞碟是一个直径为11cm的小型圆盘，一般由石灰或沥青制成，在受到铅粒的冲击后，很容易破碎。在飞碟射击比赛中，每名选手要射击25个飞碟。

飞碟射击比赛分为单多向飞碟射击和双定向飞碟射击两个项目。靶场布局如右侧插图所示，每个射击位都有一个麦克风，选手准备好，大喊示意后，飞碟才会抛出。

单多向飞碟射击中，五个射击位横向排列，五名选手依次站好，从左到右按顺序射击对面五个抛靶机抛出的飞碟，当所有人都射完后，向右移动一个射击位。最右侧的选手移到最左面那个射击位，依次循环，直至每人射满25枚飞碟为止。抛靶机位于选手前方15m的位置，飞碟向左右呈45º角抛出，但是抛出的方向不确定，是随机抛出。

双定向飞碟射击中，射击位呈半圆形排列，选手不是在每个射击位上站好，而是所有的选手先在1号位上射击，然后再集体移到2号位上射击，直到把所有的射击位都走一遍。由于飞碟是运动状态，所以要求选手必须准确判断飞碟的飞行轨迹，而且射击角度也必须做出相应的调整。

单多向飞碟射击的距离较远，所以选手一般都会使用全喉缩霰弹枪，7号半铅粒。双定向飞碟射击的距离较近，所以选手一般会选择四分之一喉缩霰弹枪，9号铅粒。当然了，也有选手不这么做。以前的飞碟射击中，选手使用的霰弹是32g，但是最近的飞碟射击中，使用的霰弹是24g。

单多向飞碟射击

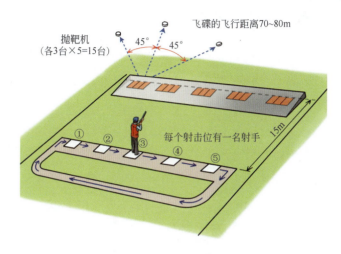

双定向飞碟射击

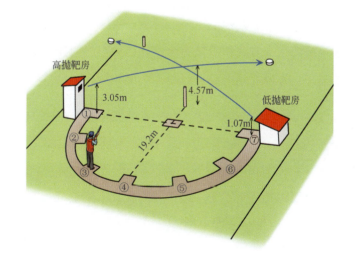

8-08 霰弹枪的瞄准
霰弹枪没有照门

在用步枪或手枪瞄准的时候，需要将目标、照门和准星三点连成一线，这样才能打得准。但是，霰弹枪的瞄准方式却与此完全不同。霰弹枪射击的目标主要是飞禽走兽，需要用整个枪管去瞄准射击，那感觉就像是拿根木棍指着目标一样。

在打鸟时，枪管所对准的方向要在目标的前方，而且要根据鸟的飞行轨迹，不断调整枪口的方向，一般是在调整的过程中就需要扣动扳机。这对初学者来说有一定难度，很多初学者调整速度太慢，往往跟不上鸟的飞行速度。

霰弹枪没有照门，只有一个准星。在霰弹枪枪管的上方还有一段凸出的肋拱，为了防止光线反射，会在肋拱的中部挖一个凹槽，通过凹槽和准星来瞄准。

霰弹枪的瞄准方式和步枪完全不同，如右侧的插图所示，射手的眼睛是位于霰弹枪的上方，眼睛和准星构成一条斜向下的直线。此外，在步枪射击中，射手基本是直立站姿，而在霰弹枪射击中，射手需要稍微弯一下腰。

在步枪射击中，射手的左手要托在枪身的正下方，而在霰弹枪的射击中，左右肘要呈"八"字式分开。在调整枪口方向时，整个上半身要保持姿势不变，通过转动腰部来调整枪口方向，绝对不能通过移动手臂去调整方向。

第8章 霰弹枪

霰弹枪的瞄准方式

在用霰弹枪瞄准目标时,眼睛要位于枪身的上方,眼睛和准星构成一条斜向下的直线,而且目标要在瞄准基线的上方

最近,在飞碟射击比赛中,出现了肋拱特别高的霰弹枪。这和步枪照门的原理一样,主要是为了提高瞄准基线,降低射击基线,以便有效地抵消掉后坐力使枪管跳起所造成的误差

8-09 独头弹与独头弹枪管
霰弹枪也可以射杀大型动物

猎鸟用的霰弹所装的铅粒很小，射击长尾雉什么的还行，要是不小心碰见了熊，那可就麻烦了。那么小的铅粒，也就仅能穿透熊皮数毫米，不仅不会给它造成致命打击，反而还会把熊激怒，引起它的攻击。很显然，在射杀熊这样的大型动物时，小铅粒是不行的，必须使用大铅粒，于是人们就发明了一个霰弹内只装一个弹头的独头弹。

独头弹的命中率都非常低，甚至比火绳枪还要低，这不仅是因为霰弹枪没有来复线，还因为霰弹枪的枪口部位有一个喉缩。为了让独头弹顺利通过喉缩，其直径必须要和喉缩的直径一致，这就比枪管的直径小了许多。例如，12号霰弹枪的枪管直径是18.6mm，而全喉缩的直径仅有17.5mm，与全喉缩相配套的独头弹在枪管内飞行时势必会晃来晃去，其命中精度自然也就难以保证了。

根据日本现行的法律，只有持有霰弹枪十年以上的猎手才有资格购买来复线猎枪，所以对一些资历不够老的猎手来说，要想买到专门猎杀熊或野猪等大型动物的来复线猎枪是不可能的。

于是，人们另辟新径，研制出专门使用独头弹的枪管。猎人在发现熊、野猪和鹿等大型动物的时候，可以将原先的枪管拧下来，换上独头弹枪管。此外，还有一种独头弹专用枪，外形虽然类似于步枪，其实还是霰弹枪。当然，这种枪的命中精度要比步枪差得远，在50m的距离上基本能命中直径为10cm的圆形目标，要是超过100m的话，那命中精度基本就免谈了。

第8章 霰弹枪

8.3mm的霰弹内部装有九个猎鸟用铅粒（左），独头弹（中），独头弹的弹头（右）

图中的两款枪虽然外形看起来像步枪，其实是使用独头弹的霰弹枪。日本对来复线猎枪的控制非常严格，一些想要射击鹿或野猪等大型动物的猎手，由于资历不够，无法持有来复线猎枪，于是就会用这样的独头弹专用霰弹枪来代替。这样的独头弹专用霰弹枪在100m以内命中精度和杀伤力还行，要是目标超过100m，那基本就很难命中了

8-10 左右双筒与上下双筒
大部分霰弹枪都是开膛双筒式

步枪大多是栓式步枪或者自动步枪，而霰弹枪大多都是双筒式霰弹枪。枪管上下并排的叫上下双筒霰弹枪，枪管左右并排的叫左右双筒霰弹枪。在山林中行走时，左右双筒霰弹枪扛在肩膀上比较稳固，所以深受猎人们喜爱。上下双筒霰弹枪主要是用于飞碟射击比赛，枪身非常重，在山林中使用很不方便。不过，最近为了狩猎方便，出现了较轻的上下双筒霰弹枪。

与自动步枪相比，双筒式霰弹枪的结构非常简单，但是大部分工序必须由工人手工完成，所以在价格上，要比自动步枪贵得多。一把较好的自动步枪也就十几万日元，而一把普通的双筒式霰弹枪就要30万日元，要是再好一点，就要上百万日元了。水平双筒霰弹枪在枪械店里很难买到，大部分需要定制，价格能达到数百万日元一把。在很早以前，市面上还有较便宜的左右双筒霰弹枪，不过最近没有了。但是，在一些发展中国家，现在依然有较便宜的左右双筒霰弹枪在出售。

由于开膛双筒式霰弹枪的安全性能好，所以大部分霰弹枪都是开膛双筒式。大家可以设想一下，要是扛着一把普通的霰弹枪在狭小而又拥挤的射击场内行走的话，那得多么危险啊！而开膛双筒式霰弹枪则不存在这样的危险，只要将枪管折下来，就可以确保百分百的安全。此外，在狩猎的时候，基本上没有时间允许你去发射第三颗霰弹，所以双筒式猎枪就占优势了，连续射击两次的话，相当于射出了四颗霰弹。此外，与自动步枪相比，双筒式霰弹枪的扳机更为灵敏。这和在步枪射击比赛中选择使用栓式步枪的原理一样，在分毫必争的竞技场上，扳机的灵敏性极其重要。

高级双筒式霰弹枪高级在什么地方呢？

价格昂贵的霰弹枪是不是就真的命中精度高呢？根据买家的身材定制的霰弹枪的命中精度确实是非常高，不过如果将一把较便宜的霰弹枪削削刻刻、填填补补，使其与射手的身材相匹配的话，一样可以射得非常精确。

那么，超过百万日元的高级双筒式霰弹枪究竟好在哪里呢？就是因为雕刻得非常美吗？当然不只是因为雕刻得非常精美，主要还是因为用起来的手感非常好。高级双筒式霰弹枪在折下枪管的时候，不会听到"哐当"一声，而是受枪管自重的影响，很轻声地落下来。合上枪管的时候也是一样，发出的声音非常悦耳。此外，扳机的触感也非常好。

总之，高级双筒式霰弹枪的高级之处并不在于命中精度的高不高，而是在于它是纯手工打造的产物。可以说，高级双筒式霰弹枪是专为有钱人制造的霰弹枪。

左右双筒式古董霰弹枪

8-11 自动式霰弹枪与泵动式霰弹枪
性价比最高的两类霰弹枪

在飞碟射击比赛中，会使用上下双筒霰弹枪。欧洲的贵族们在狩猎时，会使用左右双筒霰弹枪。但是，对普通百姓来说，性价比最高的还是自动式霰弹枪和泵动式霰弹枪。这两类霰弹枪的价钱比双筒式霰弹枪便宜得多，而且也更为牢固。

大部分自动式霰弹枪与泵动式霰弹枪的枪管都可以更换。如果想打野鸭，那就用长一点的枪管；要想打长尾雉，那就用短一点的枪管；要想打野猪，那就用独头弹专用枪管。

自动式霰弹枪与泵动式霰弹枪的弹仓大多能容纳五发霰弹，但根据日本法律，弹仓内最多仅能容纳两发霰弹，所以霰弹枪只能在枪室内装一发，弹仓内装两发，最多三发霰弹，仅比双筒霰弹枪多一发。

自动式霰弹枪的后坐力都不是很大。在射击3in的马格纳姆霰弹时，如果用双筒式霰弹枪，那产生的后坐力足以让射手肩部脱臼；如果用自动式霰弹枪，那就没什么问题了。所以，在海边或者湖边远距离射野鸭时，自动式霰弹枪是最好的选择。

泵动式霰弹枪在美国很有人气，但在日本却较为少见。我们在看一些美国动作片的时候，总是会对演员熟练地来回推拉前护木的动作佩服不已。其实，射击时产生的后坐力会带动前护木后退，比起空枪推拉前护木，实弹射击的时候会更好操作一些。此外，泵动式霰弹枪在射击速度方面一点也不弱于自动式霰弹枪，所以我建议初学者最好还是先买泵动式霰弹枪。

可以更换枪管的霰弹枪

雷明顿M1100

雷明顿M870

雷明顿M1100是自动式霰弹枪,雷明顿M870是泵动式霰弹枪,它们都可以更换枪管。虽然在性能方面比专用枪支差一些,但是在便利性方面却占有很大优势

贝瑞塔AL391

自动式霰弹枪的代表作

伊萨卡M37

泵动式霰弹枪的代表作

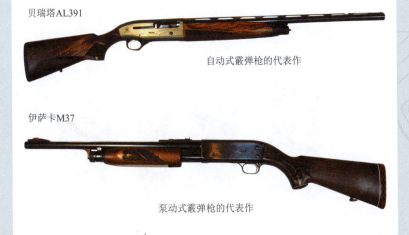

半膛线枪管和萨博特独头弹

　　前文已述，使用独头弹的霰弹枪可以射杀大型动物，但由于没有膛线，弹头射出之后不能旋转，所以有效射程仅有50m，到100m的距离上就基本对目标造不成任何伤害了。

　　其实霰弹枪也不是都没有膛线，只要膛线小于枪管长度的1/2，就可以被认为是霰弹枪。我们把膛线小于枪管长度1/2的霰弹枪称为半膛线霰弹枪，使用的是专用的萨博特独头弹。

　　如下图所示，萨博特独头弹的弹丸类似一个细腰瓶子，弹丸外有两块塑料弹托，塑料弹托在枪管内能起到闭气作用，有利于提高初速。当弹头飞出枪口后在空气阻力的作用下，轻薄的弹托飞散脱落，留下金属弹头飞向目标，其有效射程可以达到150m。

萨博特独头弹。红色部分为塑料弹托，内部装有细腰瓶子状的弹丸

第9章

枪托

9-01 枪托
定制的枪托最佳

手持射击的枪支都会有一个枪托，在旧时由木材制成，现在的枪托则大都由塑料制成。不过，一些高级枪的枪托还是由木材制成。木质枪托的纹路精美，触感良好，还可以根据射手的身材进行相应加工。

每个人的身材不同，有的高，有的矮，有的手长，有的手短。枪托也最好是根据每个人的身材去定制，但是在军队中，枪支作为国有财产，很难根据每个士兵的身材去定制枪托，所以部队用枪的枪托尺寸都是固定的。

在残酷的战场上，塑料或金属的枪托要比木质枪托牢靠得多，所以现在量产的枪托大部分都由塑料或金属制成。

在我个人看来，虽然军用枪支的枪托不能改造，但是根据使用者的身材进行适当调整还是必要的。对射手来说，如果使用一个顺手的枪托，就会无形中提高自己的命中精度。如果枪托顺手，在正常瞄准后，即使闭上眼睛，也基本能击中目标；如果枪托用着不顺手的话，即使是睁着眼，也很难击中目标。

猎人一般会根据自己的身材对枪托进行相应调整，这样用起来才会更顺手。上等胡桃木的枪托，涂上亚麻油后会现出美丽的光泽，任谁见了都会爱不释手。

第9章 枪托

枪托各部分的名称

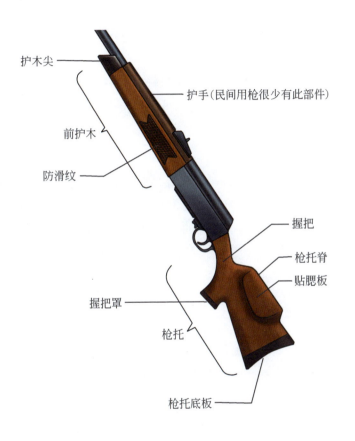

9-02 枪托的外形
单体型与双体型

由一整块木材切削而成的枪托称为"单体型枪托",一直延伸到枪管口部的枪托称为"全枪托",延伸到一半位置的枪托称为"半枪托"。

全枪托可以最大限度地保护枪管,但由于木料较长,极易发生变形。一旦变形,枪管的受力就会发生变化,命中精度自然也会降低,所以现在全枪托已经很少用了。现在用得最多的就是半枪托。

被枪机分为前后两部分的枪托称为"双体型枪托"。前面的部分称为护木,后面的部分称为枪托。在以前的步枪、现在的霰弹枪和猎枪中,很多枪支的部分枪托变成了一个握把。虽然出现了握把,但是和枪托还是连在一起的。后来,随着突击步枪的出现,越来越多的军用枪支出现了独立的握把,称为"三体型枪托"。

另外,还有一种"拇指孔式枪托"。此款枪托虽然没有握把,但是拇指可以从孔内穿过去,其功能和独立握把差不多。在射击比赛中,有的比赛允许拇指孔式枪托参加,有的则不允许拇指孔式枪托参加。

此外,还有一种"挖空式枪托",外观看起来就像是拇指孔式枪托与独立握把的结合体。俄罗斯的德拉贡诺夫狙击步枪使用的就是此款枪托。

第9章 枪托

各种各样的枪托

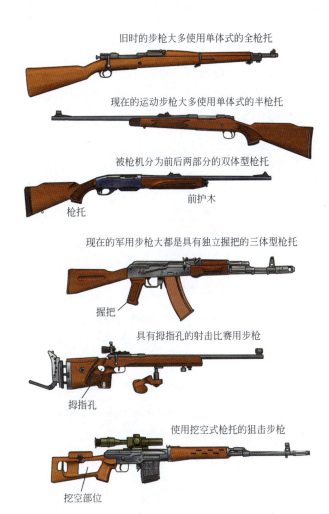

9-03 弯枪托与直枪托
弯枪托的枪支在射击时，枪口会向上跳起

大多数枪支的枪托都是弯枪托，有一个向后下方弯曲的角度。在瞄准射击时，最好的姿势就是枪托底板顶住肩窝，眼睛和枪管保持一条直线。要想实现这一姿势，弯枪托是必不可少的。不同弯枪托的弯曲程度也不同，有的弯曲度大一些，有的弯曲度小一些。

但是，弯枪托有一个缺点，那就是在射击时会造成枪口上跳。弯枪托的机枪或者其他能够连射的枪支，在连续射击时，由于受后坐力的影响，一发子弹发出之后，枪口紧跟着上跳，还没等恢复原位，下一发子弹又飞出了，所以从第二发子弹开始，后面的子弹都是朝天射击，严重影响到命中精度。

为了将枪口的上跳幅度降到最小，人们发明了直枪托。直枪托的枪管不再与射手的眼睛，而是与射手的肩窝保持一条直线。俄罗斯的AK-47突击步枪的枪托弯曲度较大，所以在射击时，枪管上跳非常厉害。改良后的AKM突击步枪的枪托变成了直枪托，枪管上跳的问题也就解决了。

在使用直枪托的枪支时，射手的眼睛位于射击线的上方，这就要求照门和准星的高度也必须相应提高。M16突击步枪就是其中的一个典型。从抑制枪口上跳的角度来看，M16突击步枪这种提高照门和准星高度的方式确实非常见效，但这无形中提高了射手的头部高度。大家都知道，在战场上，头部露出过高的话，是非常危险的。鉴于此，俄罗斯的AKM突击步枪和日本的89式步枪等直枪托的枪支并没有提高照门和准星的高度，而是让射手趴在枪托上，用往上翻眼珠的方式去瞄准。

弯枪托与直枪托的区别

M14自动步枪

M14自动步枪使用弯枪托,在连续射击时,枪口上跳严重,很难控制

AK-47突击步枪

AK-47突击步枪的枪托弯曲度较大,枪口上跳幅度也较大

AKM突击步枪

AKM突击步枪使用直枪托,可以有效地抑制枪口的上跳

9-04 竞技用枪的握把
虽说是握把，但却不能用手去握

竞技用枪的握把基本都是垂直的，要比猎枪的握把粗得多。谈到握把，我们很容易联想到棒球棒的握把和自行车的握把，其实枪支的握把要比以上两类握把细得多。既然称作握把，我们第一反应就是可以用手去握住，但是竞技用步枪的握把却不能用手去握。

在高精度的射击中，要尽量使手部不要承受过大的负担，而握把的作用，正是通过其较大的体积将枪支上的力尽可能传递到射手的肩膀上，以便减轻射手手部的负担。

在射击静止标靶时，枪支必须具有良好的稳定性，所以握把大都设计成垂直的形状。说实话，这样的握把也就仅适用于射击场上的射击，如果换作战场上或者狩猎场上，那是很不实用的。在狩猎时，目标出现后，我们需要迅速调整枪口的方向和角度，而垂直握把的猎枪调整起来非常不方便。此外，拿着一把垂直握把的猎枪行走起来也很不方便，说不定就会被什么东西勾住。

不过，很多狙击步枪会选择使用和竞技用枪类似的垂直握把。

第二次世界大战时的狙击步枪和普通的步枪在外形上并没有较大区别。后来，随着对命中精度要求的提高，狙击步枪的外形逐渐向猎枪靠拢。现在，最新式的狙击步枪已经变得类似于竞技用枪了。美国海军陆战队的M40狙击步枪就是如此，最初的外形有点类似于猎枪，后来不断改进，新出的M40A3狙击步枪的握把已经变得和竞技用枪的握把一样，接近于垂直了。

竞技用枪的标准型握把与拇指孔型握把

(a) 竞技用标准型握把

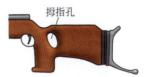
(b) 竞技用拇指型握把

带有拇指孔的竞技用枪的握把

制造中的M40A3狙击步枪，其握把已经变得和竞技用枪的握把一样，接近于垂直了

照片来源：美国海军陆战队

9-05 猎枪的握把
高级霰弹枪大多都是直式握把

直式握把的特点与竞技用枪的垂直握把正好相反。我们在一些老式的步枪中经常可以看到直式握把的身影。英国产的左右双筒霰弹枪使用的就是直式握把。因此，直式握把也称作是英式握把。老式的直式握把霰弹枪具有两个扳机，射手在射击的时候，需要移动手部位置来分别扣动扳机。直式握把没有固定的握位，便于射手去移动手部位置。

但是，直式握把也有一个缺点，那就是在低角度射击时稳定性不好。英国贵族在猎鸟时有个习惯，先是狩猎助手进到草丛或者森林中，将鸟轰出来，然后贵族们再举枪射击，大部分猎鸟射击都是高角度射击，所以根本不需考虑直式握把的缺点。

在现在，大多数猎枪的握把都是手枪式握把，或者是半手枪式握把。此外，还有一类弯曲度较大的握把，我们称其为全手枪式握把。

在进行单多向飞碟射击时，采用的是低角度射击，所以最好采用手枪式握把。在进行双定向飞碟射击时，采用的是高角度射击，所以最好采用半手枪式握把。

现在有一些没有知识的人搞不清独立握把和手枪式握把的区别，将独立握把误认为是手枪式握把，这其实是一个明显的错误。早在100多年前，手枪式握把就已经登上历史舞台，基本外形如我简图中所画的那样，而独立握把则是在很久以后才出现。

第9章　枪托

各种各样的握把

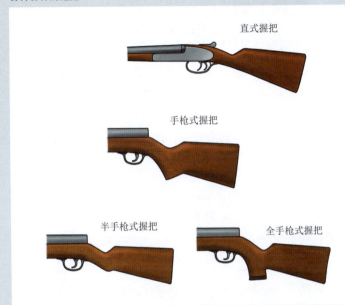

手枪式握把的猎枪（上）与全手枪式握把的猎枪（下）

9-06 枪托右偏
带枪托的枪支并不是笔直的

在使用带枪托的枪支射击时,需要用肩膀顶住枪托后部的枪托底板。如果整把枪是笔直的话,那么在瞄准射击时,射手的头部必须向右侧偏,非常不舒服,所以大部分枪支的枪托都不是直的,而是有一个向外的偏离角度。

一般来说,大多数人还是习惯于使用右手,所以大部分枪支的枪托都是偏向右侧,称为"cast off"。但是,对左撇子的射手来说,枪托就需要偏向左侧了,称为"cast on"。尤其是霰弹枪,为了提高瞄准速度,实现快速射击,枪托必须向右或者向左偏离。如果我们仔细观察一把霰弹枪,会发现它的枪托的偏离程度还是非常大的。对此不了解的人可能会觉得枪托弯了,出毛病了,其实不是那么回事。

对步枪来说,如果不是专门用于近距离射击的话,枪托偏离的角度一般都不会很大,但是或多或少也会有一定的偏离。当然了,M16突击步枪是一个例外,它的枪托没有任何偏离,整个枪身都是直的。竞技用枪的枪托偏离程度很难用肉眼分辨出来,不过如果仔细看的话,会发现枪托的中心线与枪管轴线还是有一定角度的。

受射击时产生的反作用力的影响,如果枪托右偏的话,枪身就会受到一个向左的力;如果枪托左偏的话,枪身又会受到一个向右的力。操作枪支的射手为了保持枪身的稳定,自然不会任由其摆动,必然会给其施加一个反方向的力。至于双方谁的力更大,枪口是向左、向右,还是保持不动,那就要看射手的力量、体格和握枪方式了。

枪托的右偏

右偏角度

枪托右偏之后，便于射手瞄准射击

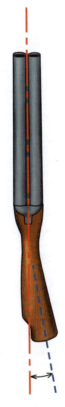

霰弹枪的枪托右偏角度非常大

竞技用枪的枪托右偏角度不明显，但还是存在一定角度的右偏

9-07 枪托底板
承受后坐力的部位

枪托后部跟射手肩膀接触的部位称为枪托底板，英文名为"butt plate"。以前的步枪的枪托底板外面会包一块铁板，便于在贴身肉搏战的时候，用枪托打击敌人。与此相反，一些使用马格纳姆弹的猎枪会在枪托底板部位安一层厚厚的橡胶缓冲垫，用来吸收射击时产生的后坐力。此外，大部分竞技用枪的枪托底板都是可调整式，可以根据射击姿势调节枪托底板的角度。当然了，这需要花费很大的工夫，也就仅适用于射击比赛，要是在战场上还慢吞吞地去调节，那肯定一命呜呼了。枪托底板的上端称为"托踝"，下端称为"托尖"。

如果大家使用过带枪托底板的枪支，就会发现枪托底板并不是平的，而是稍微向内倾斜。在用肩膀抵紧枪托底板时，枪管会出现一定的倾斜角度。如果单纯射一两发子弹，射手可能还会注意调整，要是连续射出几十发子弹，不知不觉间，枪管就倾斜了。

大部分枪托都存在一个右偏的角度，所以枪托底板的中心并不是位于枪支的中轴线上，而是位于中轴线的右侧。枪托底板的平面和枪支中轴线基本保持垂直，但由于人体的肩膀并不是平的，所以会出现一个倾斜的角度。

在射击时，这种小幅度的倾斜可以被射手肌肉的弹性抵消掉，所以不会产生大的问题。不过，对竞技用枪来说，这一倾斜角度就必须注意了。

第9章 枪托

可调节式枪托底板

竞技用枪中常见的可调节式枪托底板

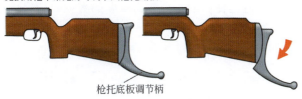

枪托底板调节柄

枪托底板的中轴线与枪身的垂直线之间存在一个角度

枪托底板的平面与枪托的轴线之间存在一个角度

9-08 枪托长度与枪托底板倾斜角
枪托的尺寸决定着射手用起来是否顺手

枪托长度指的是从扳机前端到枪托底板的距离,这是判断一把枪是否适合自己使用的一个非常重要的数据。如果枪托长度与自己的身材不匹配,就很难保证射击姿势的正确性。

但是,并没有一个具体的公式明确指出多少身高的射手应该使用多少厘米的枪托。这主要是因为:即使是同样身高的人,也会存在胖与瘦、肩宽与肩窄、臂长与臂短、手大与手小之别;再者,即使是同一个人,受枪托不同握把类型以及持枪姿势的影响,对枪托长度的要求也不尽相同。

通常情况下,我们是按照右图所示的两种方式来粗略判断一把枪的枪托是否适合自己。第一种方式是看枪托长度是否接近于自己肘关节至食指第一关节之间的长度;第二种方式是看在正常瞄准状态下,拇指根部能否碰到自己的鼻尖。

枪托底板的倾斜角指的是在枪管保持水平状态的情况下,枪托底板的纵向斜面与竖直线之间的夹角。由于人体的肩窝部位是个斜面,所以使枪托底板保持一定的倾斜度,可以更好地紧贴肩窝。另外,由于每个人的身材不同,射击姿势也不同,所以对枪托底板倾斜度的要求也不同。在进行双定向飞碟射击时,霰弹枪的仰角大,所以就要求倾斜角大一些。在进行单多向飞碟射击时,射手需要前倾,所以倾斜角就要求小一些。

一般来说,猎枪和单多向飞碟射击专用霰弹枪的枪托底板倾斜角是 $4°$,双定向飞碟射击专用霰弹枪的枪托底板倾斜角是 $5° \sim 6°$。如果射手在瞄准时,习惯于将右臂抬得高一些,那么倾斜角就要相应小一些。对于脖子较长的射手,倾斜角就要相应大一些,这样才能提高枪托脊的高度,并增大枪托的弧度。

第9章 枪托

枪托长度与枪托底板倾斜角

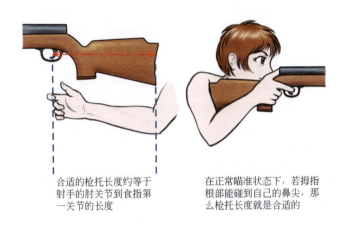

合适的枪托长度约等于射手的肘关节到食指第一关节的长度

在正常瞄准状态下,若拇指根部能碰到自己的鼻尖,那么枪托长度就是合适的

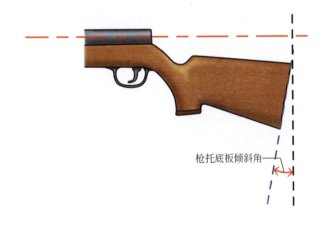

枪托底板倾斜角

9-09 枪托脊与贴腮板
精确瞄准离不开合身的枪托脊与贴腮板

枪托背部凸起的部分称为枪托脊。在瞄准时,枪托脊承载着颧骨,可以说枪托脊的高度决定了射手眼睛的高度。因此,枪托脊到瞄准线的距离必须和颧骨到眼睛中心的距离一致。

很多枪支带有瞄准镜,这样一来,瞄准线就高了,枪托脊也必须相应提高。枪托脊提高的枪托称为蒙特卡洛式枪托。蒙特卡洛式枪托的枪托脊的前端大多向下倾斜,这主要是为了防止枪托受后坐力影响向后退时击伤颧骨。

枪托内侧紧贴面颊的部分称为贴腮板。带瞄准镜的枪支或者竞技用枪的贴腮板凸出得比较明显,但也有很多枪支的枪托直接就没有贴腮板。有的枪支的枪托不仅没有贴腮板,反而还向内凹,例如64式步枪和89式步枪等直枪托的枪,由于瞄准线非常低,射手要趴在枪托上瞄准,所以必须凹一些,否则脸部放不下。

在瞄准时,枪托脊的高度决定了射手眼睛的上下位置,贴腮板的厚度决定了眼睛的左右位置。在拿到一把新枪后,我们可以对这两个部位进行适当削低或垫高,以使其与自己的面部轮廓更加契合。此外,还有一种可调节式贴腮板,虽然称为贴腮板,其实具有枪托脊和贴腮板两方面的功能。

第9章 枪托

枪托脊与贴腮板

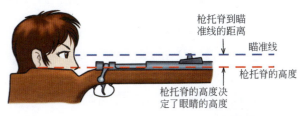

枪托脊到瞄准线的距离
瞄准线
枪托脊的高度
枪托脊的高度决定了眼睛的高度

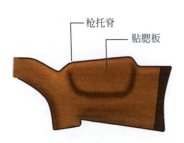

枪托脊
贴腮板

蒙特卡洛式枪托

贴腮板的厚度决定了射手眼睛的左右位置

传统的贴腮板只是决定枪托的厚度，但是可调节式贴腮板却可以同时起到枪托脊的作用

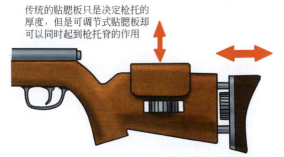

可调节式枪托底板可以起到调整枪托长度的作用

211

9-10 前护木
什么样的前护木使用起来更方便?

在瞄准时,左手托住的枪管下方的木质构件称为前护木。对左撇子的人来说,自然就是用右手去托住前护木了。前护木对枪支的命中精度非常重要,必须保证前护木的外形适合于射手的身材。此外,对前护木的要求和对握把的要求一样,要粗细得当,并且还要具有稳重的外形。

对竞技用枪来说,不需要用力托住前护木,只需让它靠在左手上就可以了,所以竞技用枪的前护木一般都很难用手握住。为了增强它的稳定性,大多呈四边形。

但是,如果猎枪或军用步枪也使用竞技用枪那样的前护木的话,行动起来就很不方便了。猎枪和军用步枪更喜欢使用细一点的,呈圆形的前护木。在使用霰弹枪时,对其瞄准的灵活性要求非常高,所以霰弹枪的前护木一般会更细小一些。然而,对自动式霰弹枪和泵动式霰弹枪来说,由于其内部藏有活塞结构或筒式弹仓,所以前护木不能做得太细。至于能细到什么程度,那就要看设计者的水平了。

右侧最下面的图①中的前护木使用起来非常不方便,图②中的前护木,虽然比较粗,但是使用起来就方便多了。像图②所示的这类上面细、下面粗、中间凹陷、底部平坦的前护木称为海狸尾式前护木,既给人一种稳重感,使用起来又非常方便。

冲锋枪基本都没有前护木,但有一个前握把。在注重射击命中度的场合,如果手握前握把去瞄准射击,显然是不可行的。所以说,冲锋枪注重的并不是它的命中精度,而是它强大的火力。

前护木的形状

(a) 竞技用枪注重的是稳定性,所以前护木一般都比较粗大

(b) 猎枪的前护木稍小一些,并呈圆形,稳定性非常好

(c) 霰弹枪的前护木非常短小,这样便于调整瞄准的方向

 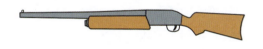

(d) 自动式霰弹枪和泵动式霰弹枪的前护木很难做到非常小巧

①图中的前护木使用起来非常不方便　　②图中的前护木称为海狸尾式前护木,使用起来非常方便

9-11 护手
部分轻机枪没有护手

前护木位于枪管的下侧，与前护木对应的位于枪管上侧的木质构件称为护手。运动步枪和运动猎枪很少使用护手，不过大多数军用步枪都有护手。

护手不仅可以保护枪管，同时还可以防止射手烫伤。在连续射击时，枪管会变得滚烫，尤其是在战场上，有时需要与敌人进行肉搏战，如果没有护手的话，刚射击完的枪管根本就无法用手去拿，更别提与敌人近身格斗了。

此外，如果运动步枪或者运动猎枪使用护手的话，也有其好处，例如，可以防止枪管周边的空气受热向上蒸腾妨碍射手的瞄准；可以防止枪管反光惊扰到猎物；可以防止枪管温度变化造成变形等。

以前的步枪，前护木和护手是分开的，分别位于枪管的下方和上方，而最近的自动步枪的前护木和护手是一体的，呈筒状，直接就套在枪管的外侧。

此外，一些轻机枪没有护手，这其实是很不合理的，毕竟轻机枪和重机枪不同，有时候还要端起来向敌人扫射。如果没有护手的话，轻机枪的枪管在连续射击之后会变得滚烫，根本就不敢用手去碰。日军的99式轻机枪和陆上自卫队的62式轻机枪就是这样的例子，它们没有护手，为了弥补这一缺点，就给射手配发很厚的手套，让射手戴着手套去握滚烫的枪管。可是，手套很容易丢失，我个人觉得还是给这两款轻机枪设计个护手更为可取一些。

在新式的轻机枪中，金属散热器起到了护手的作用。散热器包在枪管外侧，有很多的孔洞，通过促进空气流动来降低枪管的温度。

护手和散热器

9-12 胡桃木是制造枪托的最佳木材
枪托使用的木材越好，枪支的价格越高

以前的枪托都是由木材制成，其中以胡桃木为最佳，尤其是法国产的胡桃木，那真是非常难得。在欧洲有一些保存得比较好的百年前的步枪，你在看到之后，会禁不住惊讶当时普通士兵使用的步枪竟然会用如此上等的胡桃木做枪托。

现在，一把由欧洲胡桃木制成的枪的价格大约是数十万日元，即使是档次差一些的由美洲胡桃木制成的枪支也值数万日元。美洲胡桃木有一个特点，类似于巧克力色，现在也很少见了。

早在第一次世界大战时，胡桃木就已经供不应求，转而用山毛榉和桦木代替。桦木比较重，花纹也不美观，而且加工也不方便。此外，山核桃木、白蜡木和水曲柳用得也比较多。山核桃木是一种制作雪橇的优良木材，而白蜡木和水曲柳则主要用于制作冰杖和棒球棒。在北半球的北部，枫树资源比较丰富，所以北欧的一些国家和加拿大都会用枫木来制作枪托。美国的一些枪支也会使用枫木枪托。

好的枪托对木材的要求很高，树龄必须在百年以上，而且只用从根部到2m左右的这一段木材。这一部位的木材受树木自重的影响，被压得比较致密，在被制成枪托之后不易变形。即便是这样，还需要将纵向剖开的木材先放在水中浸泡4年，然后再拿到陆地上晾6年，最后还得放入60～70℃的干燥室内存放一个月。经过这么多程序之后，才能被用来制作枪托。

显然，这么繁琐的工序，在战时是不适用的。军用枪支要求批量生产，再加上制作过程中偷工减料，导致木质枪托很容易变形，所以很多军用枪支会选择使用胶合板、金属或者塑料来制作枪托。

第9章 枪托

20世纪50年代生产的温彻斯特M70步枪,枪托使用的是美洲胡桃木。在第二次世界大战后,好的胡桃木枪托很少见了

苏军在第二次世界大战中使用的莫辛纳甘步枪。苏联森林资源丰富,即使是在第二次世界大战中,也依然有大量的优质木材用来制作枪托

9-13 胶合板、金属和塑料
即便批量生产也不易变形的材料

在第二次世界大战期间,德国没有充足的木材去制作原木枪托,所以就用胡桃木或桦木的胶合板去制作枪托。在制造胶合板时,每块木板都是按照纹路的方向进行排列。这样一来,在削出枪托的曲面时,枪托就会像地图的等高线一样,呈现出美丽的花纹。

俄罗斯的AKM突击步枪和AK-47突击步枪等军用枪支用胶合板的比较多。此外,市面上的一些竞技用枪也会选择用胶合板来制作枪托。用胶合板制造的枪托虽然会稍重一些,但是非常实用,不容易变形。即便是用山毛榉等便宜的木材制成的胶合板,在狂风暴雨的洗礼下,其变形幅度也要比最上等的胡桃木小得多。

若要谈到受狂风暴雨的洗礼不易变形的话,那金属和塑料的枪托要比胶合板的枪托更不易变形。现在很多枪支都会选择用金属或塑料来制造枪托。金属的强度大,制成的枪托要比木质枪托轻得多,但也有不好的地方,在寒冷的冬天,金属枪托很容易将手上的皮粘下来,在夏天受太阳暴晒,又会热得烫手,所以很多金属枪托的外面都会包一层木材或者塑料。

与木质枪托相比,塑料枪托吸收振动的能力比较差。在使用塑料枪托的狙击步枪时,即使轻轻地去扣动扳机,手掌内部还是会感到一定的振动。当然了,这种振动并不是很强烈,没有一定射击经验的人可能感受不到。塑料枪托最近一直在改善,相信在不久的将来,其吸收振动的能力会大幅增强。

第9章 枪托

胶合板枪托。图中为温彻斯特M70步枪。由于胶合板由颜色不一的木板粘贴而成，所以在削出枪托的曲面时，会呈现出美丽的花纹

塑料枪托。图中为雷明顿M700猎枪。最近，这种塑料枪托的民用猎枪是越来越多

金属枪托。图中为范维克鲍（Feinwerkbau）M602竞技用枪。最近，使用金属枪托的竞技用枪越来越多

射击运动更适合于女性

射击是奥运会和日本国民体育大会（译者注：类似于中国的全运会）的正式比赛项目。在日本，有些大学和高中设有射击部，很多学生会进行射击训练。按照日本的法律，未满20周岁的人员禁止使用火药枪，所以高中射击部使用的枪支大都是口径为4.5mm的气枪。

气枪射击比赛的射程是10m，枪靶直径为45mm，10环的直径是0.5mm。根据比赛规则，只要子弹接触到10环以内的任何一部分，就可以得分。子弹直径是4.5mm，而10环的直径仅有0.5mm，所以击中10环区域并不是很难。那些被选拔出来参加国民体育大会的选手基本都能够打出10环的成绩。

射击运动和禅宗的坐禅一样，有助于提高人的精神修养和忍耐能力，并且还有助于培养沉着冷静的性格。射击运动非常适合于女性，很多女选手的成绩要比男选手好得多。

某高中射击部的女选手。射击运动更适合于女性